GRUNDZÜGE

DER

PHILOSOPHISCHEN

NATURWISSENSCHAFT

VON

HENRICH STEFFENS

ZUM BEHUF SEINER VORLESUNGEN

BERLIN

IM VERLAGE DER REALSCHULBUCHHANDLUNG

1806

VORREDE.

Eine jede Schrift hat, indem ſie erſcheint, auſser ihrer Eigenthümlichkeit, wenn ſie dieſe überhaupt beſitzt, eine perſönliche, alſo ſchwache, Seite, die ſich durch Verſtändigung und äuſsere Relation gegen die Welt zu ſtützen ſucht. — Sie iſt nothwendig, wie die Vergänglichkeit aller Erſcheinung; wer ſich aber eines wahrhaften, in ſich begründeten, Strebens bewuſst iſt, thut wohl, ſie nicht zu ernſthaft und ſchwerfällig zu behandeln.

Solche Relationen werde ich hier kürzlich berühren. — Die Schrift enthält Themata zu Vorlesungen und zukünftigen Schriften; ist durchaus epigrammatisch und systematisch. Ich wollte es darthun, wie die Natur, nicht nur im Ganzen, sondern auch im Einzelnen, aus sich selbst begriffen werden kann, ohne äufsere Hülfe von Hypothesen oder Principien, die, wenn sie als das Aeufserlich Bestimmende und Regierende hervortreten, gleich schlecht und verwerflich sind. Die Idee ist mir klar genug; an der Ausführung mag Manches fehlen. Sie soll mir einen andern Vortheil gewähren. In zukünftigen Schriften werde ich die Aphorismen als Ueberschriften benutzen, die das unvermittelte Seyn des Gegenstandes im Ganzen darthun; und ich werde mich dann, vorzüglich in der Fortsetzung meiner Beiträge zur innern Naturgeschichte der Erde, mit dem Eigenthümlichen des Gegenstandes ganz beschäftigen können.

Die Einrichtung dieser Grundzüge erlaubte mir nicht, Citate anzubringen; ich habe mir defshalb aber Nichts andern Naturforschern Eigenthümliches zueignen wollen; und dem sorgfältigen Leser wird es von selbst klar werden, wie viel ich Buch, Görres, Humboldt, Kielmayer, Möller, Reil, Ritter, Treviranus, Troxler, Werner, Winterl, durch mündliche Unterredungen Horkel, u. m. verdanke. Vorzüglich wird man mehrere bekannte Ansichten Schellings hier wieder finden. —

Eine jede erscheinende Schrift hat eine polemische Seite, wenn sie Eigenthümlichkeit besitzt. — Es ist nicht ihre beste. Die neuere Ansicht der Naturphilosophie hat sich fast durchaus aus der Polemik herausgearbeitet, und zeigt dadurch deutlich, wie sehr sie sich in sich befestigt hat. Nicht, als wenn die Masse derjenigen Gegner, denen das Wesen derselben fremd ist, abgenommen hätte; aber die Gemeinschaft und die äussere Kollision hat aufgehört, und dieses ist für die Bekenner, wie für die Gegner, das Rathsamste.

Eine andere Art Gegner hat sich aber hervorgethan. Die Anhänger nämlich; — und in der That sind diese gefährlicher als man glaubt. — Dieselbe Stimme, dieselben Aeufserungen betrügen nicht den Verirrten allein, sondern manchmahl, wenigstens momentan, uns selbst; und wir thun wohl, sie von uns abzuweisen.

So sind Einige, die sich haben sagen lassen, wie Alles in der Totalität sei, auch dieses wohl auf eine halbe Weise begreifen, denen es aber nicht gegeben ist, den deutlichen bestimmten Umrifs des Individuellen klar zu fassen. Diesen erscheint Alles: Leben, Gestalt, Form, das Einzelne und Ganze, als ein Unbestimmtes, als Andacht, Ahndung, Anbetung, was sich nicht mit der klaren Vernunft fassen läfst, weil diese Alles, das Ganze wie das Einzelne, auf die bestimmteste Weise anschauet; sie fassen daher dieses Unbestimmte mit dem heiligen Willen, mit Frömmigkeit. — Aber in der Wissenschaft gilt nicht die Gesinnung allein, sondern mit ihr die Tüchtigkeit; und was tüchtig, nicht in einem äufsern, sondern in sich begründet und in sich klar ist, ist wissenschaftlich, möge die Sprache die des

Empirikers oder Theoretikers ſeyn. Wer durch dieſe Trennung etwas für die Geſinnung fürchtet, kann überzeugt ſeyn, daſs ihm nichts begreiflich geworden iſt.

Andere hatten gehört, daſs Poeſie und Philoſophie, Wiſſenſchaft und Kunſt Eins ſei; ſie meinten daher, man könne wohl beide äuſserlich verbinden, welches, wie vorauszuſehen war, beiden gleich ſchädlich ſeyn muſste. Wohl iſt die Ehe das Heiligſte in der Welt; aber ein weibiſcher Mann, oder ein männliches Weib nicht deſto weniger das widerwärtigſte uud verhaſsteſte Geſchöpf.

Daſs eine Schrift, wie dieſe, nicht gemeinverſtändlich ſeyn kann, verſteht ſich. — Wenn die Kenner ahnden, daſs in den kurzen Sätzen mehr liegt, als die einzelnen Worte weniger Zeilen, und daſs die Anordnung nicht zufällig iſt; ſo bin ich zufrieden. — Ich ſchätze meine Abſicht zu ſehr, um mit dieſer Darſtellung ganz zufrieden zu ſeyn.

Denjenigen, die dazu beſtimmt ſcheinen, zu zeigen, wie die willkührlichen Kombinationen des Zufalls die wunderbarſten Geburten hervorbringen, werden mit der Einrichtung meiner Darſtellung vorzüglich zufrieden ſeyn, und es wohl auch nicht unterlaſſen, ſie, wie die Natur es ihnen gebeut, zu benutzen.

Folgende Druckfehler wird der Leſer gebeten vor dem Leſen zu berichtigen:

Seite 80 Zeile 7 ſtatt: jeder lies: jener
— 100 — 1 ſt. Oxydation l. Reduktion
— — — 3 u. 4 ſt. Indifferenz l. Oxydation
— 174 — 1 iſt auch auszuſtreichen
— 198 — 19 ſt. ſind l. ſich

EINLEITUNG.

Wiſſenſchaft iſt Vernichtung eines Gegenſatzes, Wiedervereinigung des urſprünglich Vereinigten. Was zum innerſten Weſen unſers Daſeyns gehört, iſt nicht für das Wiſſen, es iſt das Wiſſende ſelbſt; — was im Gegenſatze beharrt, iſt nicht für das Wiſſen, denn das Wiſſen iſt eben die innere Vereinigung des Geiſtes mit dem Gegenſtande, als wenn dieſer ihm inwohnte; — was nicht urſprünglich vereinigt und Eins war mit dem Geiſte, iſt nicht für das Wiſſen, denn das Wiſſen beſitzt keine ſchöpferiſche Kraft, — und nimmermehr möge es uns gelingen, durch Wiſſenſchaft dasjenige zu verbinden, was wir urſprünglich als getrennt geſetzt haben, oder die Natur zu überwältigen, wenn wir uns mit ihr, wie mit einem Fremden, Feindſeligen in einen thörigen Kampf einlaſſen.

Die jugendliche Geſchichte der Menſchen ſtellt glückliche Geſchlechter dar, die mit der Natur innig verbündet, in vollem Genuſſe des vollendeten Daſeyns, im ruhigen Seyn der Gegenwart, mehr eine Fortſetzung der ſchöpferiſchen Kraft der Natur ſelbſt, eine heitere Offenbarung ihrer innerſten Verhältniſſe, hohe, bedeutungsvolle Geſtalten gebährend und erhaltend, zeigten, als jene Trennung von der Natur, die das Wiſſen ſchafft und vollendet.

Früh ſehen wir freilich die Menſchen ſich den Dingen entgegenſetzen, aber nur im Allgemeinſten ward der Gegenſatz gefaſst, und durch tiefſinnige Denker glücklich gehoben. So entſtand die Philoſophie. Aber im Leben und im Beſondern wirkte noch immer der heitere Geiſt fröhlicher, unſchuldiger Kindheit, verband den Menſchen mit der Natur durch die Dichtung, und die Menſchen unter ſich durch die groſse Individualität nationaler und religiöſer Anſchauungen. Daher ſehen wir, neben den tiefſten Blicken des Wiſſens im Allgemeinſten, die herrlichſten Blüthen der Poeſie im Beſondern. Was urſprünglich, als ein Lebendiges, in der Natur wurzelt, offenbart ſein Leben, von dem Ganzen getragen, nur durch eigene Natur gemäſsigt, in unbefangenen Spielen nirgends eingeſchränkter Freiheit; was ſich von dem Ganzen getrennt hat, wird demſelben wieder durch Zwang verbündet, der, lebendig und ſelbſt im Ganzen gefaſst, als heilige Nothwendigkeit hervortritt. So ſehen wir die Nothwendigkeit heimiſch werden in den allgemeinſten Spekulationen alter Denker, indem im Beſondern die fröhliche und unbefangene Leichtigkeit der Naturfreiheit in Dichtungen ſich ergoſs, die ſich wunderbar mit jenen tiefen Anſichten verbanden, und ein eigenes, halb aus Wiſſenſchaft, halb aus Poeſie gewebtes, innerlich harmoniſches Leben hervorrief, deſſen heiterſter Glanz uns durch den göttlichen Plato anſpricht.

Wie man auch unſere Zeit und ihre Verhältniſſe anſchauen mag, ſo viel iſt gewiſs, daſs Mannichfaltigkeit der Gegenſtände des Wiſſens ſie vorzüglich auszeichnet. Indem der Menſch mit der Natur zerfiel, zerfiel er mit ſich ſelbſt und die Dinge unter ſich. Die Wiedervereinigung dieſer Trennung hat die Mannichfaltigkeit der Wiſſenſchaften hervorgerufen, und die Naturwiſſenſchaft ins Beſondere iſt als eine ſolche durchaus modern.

Nicht als ein Geringeres oder weniger Würdiges der Geſchichte darf dieſes ſcheinbare Zerfallen uns erſcheinen. So ſehen wir in der Vegetation in ſtiller Einmüthigkeit die Funktionen ſich in Produkte verlieren, die von der allgemeinen Natur getragen und gepflegt, auch die Freuden und Leiden derſelben gemeinſchaftlich theilen, und mit kindlicher Ergebung alle Bewegungen des groſsen Naturlebens innerlich darſtellen, indem die Funktionen, im Thieriſchen, ſelbſt ſich hervorwagen, die groſsen Bewegungen der Natur innerlich mäſsigen, aber auch eine jede Funktion und ein jedes Produkt ſich von den übrigen ſondert und trennt, und ſo ſich zum Gegenſtande der groſsen Naturſpekulation macht. Wer an dem Einzelnen der Zeiten in der Geſchichte, oder der Geſtalten in der Natur klebt, mag in dieſem Zerfallen das Unwürdigere ſuchen; denn nicht läugnen läfst es fich, dafs das Einzelne des Thierifchen — als Eingeweide — neben dem Einzelnen der heitern Vegetation, diefem an innerer Schönheit nachfteht, und als ein Geringes, ja Unwürdiges und Schlechtes erfcheint. Aber das Leben in der Gefchichte, wie das Leben in der lebendigen Geftalt, hat eine höhere Würde als die des Scheins; ja die finnvolle Bedeutung des individuellen Lebens ift die Vernichtung des Scheins, und die Offenbarung unfichtbarer Schönheit. Ihr möchtet fie ahnden in der fchönen Geftalt vollendeter Menfchlichkeit; fehen könnt ihr fie nicht, wie man ein blofs Irdifches fieht, denn fie ift die unmittelbare Offenbarung göttlicher Schönheit, die in dem Einzelnen als Einzelnes zu feyn verfchmäht, und auch diefes wieder als ein Ganzes und Selbftändiges fetzt. Wollt ihr daher das Wiffen in feiner hohen Würde erkennen, fo dürft ihr es nicht in feiner äufsern Abhängigkeit als ein Einzelnes betrachten; als folches möchte es vielmehr geringer und unvollendeter erfcheinen als die vegetative Poefie, fondern in feiner Heimath im Göttlichen. Denn wie das Animalifche in der Natur keine befondere Kraft, nichts Einzelnes und Beftimmtes, fondern eben die Unendlichkeit der Natur felbft ift, die fichtbar geworden, fo ift das Wefen im Wiffen über die Erfcheinung des Wiffens unendlich erhaben, nichts Einzelnes, fondern das Sichtbarwerden des Unendlichen felbft, die unmittelbare Offenbarung der mit fich felbft einigen geiftigen Natur.

Wenigen möchte es gegeben ſeyn, ſich ſelbſt von ſich ſelbſt trennend, in ewiger Vereinigung mit ſich ſelbſt zu beharren, den bittern Kelch eines abgeſonderten Daſeyns bis auf die Hefen zu leeren, den Zwang zu lieben, der ſie unwiderſtehlich an eine beſtimmte Form des Daſeyns bindet, ſo daſs ſie nur ſich ſelbſt zu offenbaren vermögen, in Verbindung mit den Gleichzeitigen nur ihrer Zeit, immer das ſchon Beſtimmte beſtimmend, immer das Erzwungene frei leiſtend, in ewigem Widerſpruch die Harmonie finden und ſuchen müſſen, wie ihr Leib, der irdiſche Wiederſchein des Göttlichen in ihnen, eine Unendlichkeit getrennter Formen ewig mit einander ringend, nie ſiegend und nie unterliegend, als ein geſundes Leben darzuſtellen vermag. Denn eine tiefe Angſt hat die Zeit ergriffen, gleichmäſsig zittert man vor der Unendlichkeit des Werdens im Endlichen und vor der Endlichkeit des Seyns im Unendlichen — ſo wird die Vergangenheit als das Grab des Unbeſtimmten, als die eiſerne Hand der bloſsen ſchauderhaften Beſtimmtheit furchtſam angeſtarrt, und die Zukunft, als der Abgrund des Unbeſtimmten und die alle Beſtimmtheit verwiſchende Gewalt zaghaft erwartet. In unſerm Leibe ſehen wir die Vergangenheit heimiſch ſeyn und walten, in unſerer Seele fühlen wir uns an eine unbeſtimmte Zukunft verrathen, und das friſche Leben erblaſst in dem ängſtlichen Schweben zwiſchen beiden.

Dieſes Schwankende des allgemeinen Lebens äuſsert ſich nicht weniger in den Wiſſenſchaften, ja es ist hier mit jenem ursprünglich Eins und aus derselben Wurzel entsprungen. Einige, die die Freiheit nur kennen, so wie sie in der Willkühr, durch den Zwang eingeengt und beschränkt, *erscheint*, glauben, sie nur durch Vernichtung des Naturzwanges retten zu können, wodurch es denn geschieht, dass dieser, sein Recht behauptend, den blossen Schein dessen, was man retten möchte, auf alle Wege offenbart. Andere, die die Nothwendigkeit nur kennen, so wie sie in dem Zwange, der Willkühr sich entgegenstellend, *erscheint*, glauben, jene nur durch die Vernichtung aller Selbstbestimmung erhalten zu können; da aber jene Richtung, wie sie es wohl inne werden müssen, selbst eine willkührliche ist, so wird die Nichtrealität und das Scheinbare dessen, was sie erhalten möchten, durch ihre Bestrebungen immer offenbarer.

Nicht für diese kann das Wesen der Wissenschaft sich eröffnen; denn was sie von der Natur oder die Natur von ihnen trennt, hält auch jede lebendige Ansicht von ihnen entfernt, und trennt sie von uns, wenn gleich nicht uns von ihnen. Wenn die äussere Spannung zwischen Willkühr und Naturzwang zu gross wird, endigt sie entweder in einer mattherzigen Indifferenz, oder man sieht sich nach vermittelnden Meinungen, Vermuthungen und Hypothesen um, von welchen man freilich überzeugt ist, dass sie nicht im Stande sind, dasjenige zu leisten, was man wünscht, dass die Vermittelung immer ins Unendliche hinausgeschoben wird, daſs man erſt nach Ablauf dieſer Unendlichkeit im Stande ſeyn wird, das Recht jener Meinungen, als Vermittler aufzutreten, zu prüfen, bei welchen aber, ſich fürs erſte zu beruhigen, man den verzweifelten Entſchluſs gefaſst hat. Aus dieſer Verirrung gebahr ſich die Streitigkeit über das Recht einer Wiſſenſchaft ſich a priori oder a poſteriori zu begründen, als wenn das Eine irgend einen Vorzug vor dem Andern hätte, das Eine ohne das Andere ſeyn könnte, oder, in einem bloſs äuſsern Verhältniſs geſetzt, irgend eine Realität enthalte. Schauet, könnte man ſagen, nur das individuelle Leben, und ihr werdet inne werden, wie das Ganze, nicht durch Vermittelung, ſondern unmittelbar in einem jeden, als dasjenige, was ihr a poſteriori, das Einzelne auf die nämliche Weiſe, als das a priori, im Ganzen geſetzt iſt, und Beides nur das eine untheilbare Leben ausdruckt.

Es haben ſich eben in unſern, durch die Entfremdung der höhern Natur ſo ſtark bezeichneten, Tagen, lebendige Aeuſserungen hervorgethan, die auf die bedeutungsvollſte Weiſe die unergründliche Tiefe des Seyns in dem Denken, und die Unendlichkeit der Beziehungen des Denkens im Seyn enthüllten. Ohne allen Zweifel hieſse es jene Aeuſserungen des höhern Geiſtes ſelbſt aller Bedeutung berauben, wenn wir ſie irgend einer Beziehung des relativen Denkens für ſich unterwerfen wollten. Obgleich ſie, in der Spekulation auf der Seite des einſeitigen Denkens, in der Naturwiſſenſchaft auf der Seite des

Seyns zwangvoll gefeſſelt waren, und indem es nicht vergönnt ward, in ihnen die höchſte Durchdringung zu ſchauen; ſo iſt es doch klar, daſs in dem Maaſse, in welchem das Allgemeine des Denkens von dem Abgeſonderten der Dinge, und das Abgeſonderte der Dinge von dem Allgemeinen des Denkens in ſich aufzunehmen vermochte, auch Spuren des eigenthümlichen Lebens aus beiden hervorbrachen, und dasjenige Schein-Wiſſen, in welchem Alles nur durch äuſsere Beziehung und durch komparatives Denken iſt, vernichteten. So ſahen wir das innere Leben der Natur in dem unergründlichen Talent herrlicher Naturforſcher ſich enthüllen, und die ewigen Geſetze ihres unwandelbaren Seyns Eins werden mit dem Daſeyn menſchlicher Individualität. Eins werden, ſage ich, ſo daſs die Exiſtenz jener, als einzeln Erſcheinender, durch die Identität mit jenen Geſetzen, indem die Geſetze in ihr, ſie in ihnen, auf eine völlig gleiche Weiſe geſetzt wurden, in ſich begründet und ewig ward. So ſahen wir das Bewuſstſeyn, ſich in ſich begründend, die Ewigkeit ſeines Daſeyns in ſich ſelbſt finden. Wenn gleich, in der Darſtellung, jene Naturforſcher der von dem Denken relativ getrennten Natur, dieſe ſpekulativen Denker dem von der Natur relativ getrennten Denken unterlagen, ja ſo, daſs jene alles äuſsere Hervortreten der Form des Bewuſstſeyns als eine Willkührlichkeit, die ſie zu fliehen hatten, dieſe alle Gewalt der Dinge, als ein Widerſtrebendes, was bekämpft werden muſste, anſahen; ſo iſt es doch klar, dafs das Lebendige ihrer Anficht gerade die Hineinbildung des ihnen verhafsten Gegenfatzes fei. Denn, wo das wahrhafte Talent der Naturforfcher hervortrat, ward eine Unendlichkeit des den Dingen eingepflanzten Denkens in der That offenbar, und die Annahme eines abfoluten Seyns vermochte nur jenem lebendigen Bewufstfeyn die Eigenthümlichkeit zu geben. So müffen wir jene Aeufserungen des Wiffens ihrem Wefen, nicht blofs ihrer Erfcheinung nach, beurtheilen; dann werden auch fie uns wahrhaft individuelle, das heifst: für fich feyende, nur aus fich felbft zu begründende, ein eigenes Leben führende Anfichten werden. Denn eben fo, wie einige Organifationen, die wir, dem Scheine nach beurtheilend, geringere nennen, von einer äufsern Totalität abhängiger zu feyn fcheinen; in fo fern fie aber Organifationen find, nur ihr eigenes Leben, und zwar auf eine ewige Weife, führen, fo dafs fie fich felbft vorausfetzen und alles Werden durch äufsere Beziehung verfchmähen, find auch jene Anfichten unvergleichbar mit dem Aeufsern, und von dem geringern ihres erfcheinenden Dafeyns getrennt, ewig und grofs.

Doch unferer Zeit ward es vergönnt, das Erwachen der uralten Spekulation und diejenige Anfchauung, die alle Gegenfätze vernichtet, zu fchauen; und als den lebendigen Geift, der uns diefe Anfchauung fchenkte, nenne ich Schelling. Nicht zwar die Idee, die vielmehr, fo alt wie die Gefchichte felbft, alle Anfichten des Lebens und der Wifsenschaft leitete, durch grosse Geister zu verschiedenen Zeiten vernehmlich genug ausgesprochen wurde, und die eine so tiefe und ewig begründete Herrschaft über die Aeusserungen der Menschen ausgeübt hat, dass alle ihre Ansichten und alle Irrthümer und Unvollkommenheiten der Wissenschaften für denjenigen, der auf eine lebendige Weise diese anschauet, selbst nichts als relative Abweichungen und excentrische scheinbar gerade gezogene Linien ausdrücken, die sich doch für eine höhere Ansicht in der ewigen Kreislinie der einzig wahren Idee auflösen: — nicht also die Idee, die das Uralte und die Wurzel der Geschichte selbst ist, ist Schellings Eigenthum; denn ob sie gleich durch ihn dem Zeitalter offenbar wurde, nachdem sie lange, in Abweichungen verborgen, die ein eigenes Leben führen möchten, aus allen wissenschaftlichen Bestrebungen zurückgedrängt worden war, so lag sie doch in den Schriften trefflicher Menschen so klar, wie sie überhaupt ausgesprochen werden kann; auch zeigten die Aeusserungen mehrerer Männer unserer Zeit, dass sie das Wesen der Wahrheit erkannten. Das eigenthümliche Verdienst Schellings ist vielmehr das Bestreben, die ewige Wahrheit, als nie erlöschende innere Sonne aller Wissenschaft und alles Erkennens in der Geschichte auf immer zu begründen, und die wahre Würde seiner Individualität offenbart sich in dem rastlosen, seiner trefflichen Natur früh eingeprägten Triebe, alle Abweichungen der Zeit, und Alles, was, weil es kein eigenes Leben hat, für sich stehend, Irrthum, Tod und Wahn ist, zur Urquelle zurückzuführen, das Endliche aber, welcher Art es auch sey, als Produkt einer blofs in der Beziehung existirenden Reflexion, oder als Schein-Realität einer sinnlichen Anschauung, in so fern es als ein *An sich* ein falsches Leben heucheln will, als ewiges Opfer der Wahrheit zu weihen. Wäre es nun auch der Fall, dafs er selbst in diesem und jenem dem Irrthume unterliegen müfste, dafs er durch irgend eine eigene Relativität das klare Bild seiner Darstellung trübte, oder den innern Werth irgend einer Abweichung, durch die äufsere Relativität getäuscht, nicht gehörig würdigte, wie wir dieses denn auch nicht durchaus läugnen wollen; so bleibt ihm doch nicht allein das unsterbliche Verdienst, die Idee einer Sittlichkeit des Erkennens und der wissenschaftlichen Naturforschung als das innere Wesen derselben aufgestellt zu haben, sondern auch das noch gröfsere, einen wissenschaftlichen Kultus eingerichtet zu haben, wie ihn die Geschichte bisher nicht kannte.

Eine solche Ansicht vermag nun auf eine hohe Weise das Herrlichste zu offenbaren, und wem es gelungen ist, sich ihr eigen zu machen, der erkennt nicht nur jene Einheit der Dinge mit einer allgemeinen Einheit, sondern auch die mit ihr zugleich gegebene selige Einheit der Dinge mit sich selbst, durch welche die ewige Einheit, die ihnen innewohnt, und die nicht getheilt seyn kann, da die absolute Einheit sich nicht theilen läfst, als Eins gefetzt wird mit ihrem abgefonderten Dafeyn, fo dafs fie durch ihr Werden find und durch ihr Seyn werden. Denn wenn fie als Abgefonderte werden, fo ift es doch nur das nie Gewordene, das Ganze was wird; und wenn fie als Allgemeine find, fo find fie doch nur durch ihr Werden als Abgefonderte. — Zwar ift das bewundernswürdige Talent des Naturforfchers eine innerliche Verbindung des Gemüths mit dem Gegenftande, eine wahre Verföhnung beider, aber mehr auf der relativen Seite des Gegenftandes, bewufstlos, und daher felbft im Gegenfatze gefetzt; das wahre Erkennen aber ift nur da, wo der höchfte Gegenfatz, der nicht diefem oder jenem als einem Einzelnen, fondern dem Ganzen entgegengefetzt ift, das Bewufstfeyn felbft in die Verbindung hineingeht, und zwar nicht nur im Ganzen, fondern auch im Einzelnen. So fehen wir in der Organifation das allgemeine Leben, und mit diefem auch das eigenthümliche Leben eines jeden Organs bis ins unendlich Kleine gefichert. Es wird Alles nur in fich felbft und durch fich felbft, indem es im Ganzen wird, obgleich, wie das Ganze, auf eine relative Weife.

In fich gefchloffen und mit fich einig ift das göttliche Gemüth, in fich gefchloffen und mit fich einig die göttliche Natur. Vergebens fucht ihr eine äufsere Verbindung zwifchen beiden zu bewirken, einen Uebergang zu finden, die Natur mit dem Gemüthe in eine äufsere, vermittelnde Beziehung zu fetzen. Ewig getrennt, nur mit fich felbft einig, nur selbst eigene Geburt verschmäht das Gemüth, wie die Natur, alle Vergleichung. Setzt, welches ihr wollt, über das Andere, und das Entgegengesetzte wird den Frevel der Relation selbst vernichten. Aber diese ewige Trennung ist die ewige Vereinigung und Eins mit ihr. So sehen wir in den Geschlechtern das Eine des Andern Aussen-Welt seyn, und die höchste Vereinigung durch Liebe Eins seyn mit der höchsten Trennung beider.

Der Geist umfasst die Natur, wie der Liebende seine Geliebte, sich ganz ihr hingebend, sich selbst in ihr findend, ursprünglich, unvermittelt, unbetrübt. Ihr ewig frisches Daseyn ist sein eignes, und in allem Wechsel, mit diesem Eins, herrscht und waltet das Leben, das nie vergeht und die Liebe selbst ist. Fasst das Besondere des Gemüths, und das Allgemeine des Daseyns wird Euch in den unwandelbaren Gesetzen eines Universums, als der Typus alles Besondern, liebevoll ergreifen; fasst das Besondere des Daseyns, und ein ewiger Wechsel wird Euch das, durch das Werden Seyende, Allgemeine des Bewusstseyns auf alle Wege entgegentragen; fasst beide gegen einander, und ein eigenes Leben wird als Organisation zwischen beide treten, die Vereinigung sofort auf jedem Punkte zu beurkunden.

Ergriffen von dieser unendlichen Liebe, findet das Gemüth sich in den Dingen wieder, und die Relation, das Maass der Beziehungen, durch welches uns die Gedanken verwandter und verständlicher, die Dinge entfernter und fremder erschienen, ist verschwunden. Ganz in dem Ewigen der Natur versunken, finden wir uns selbst ohne Furcht, als Natur, und retten die Freiheit, indem wir sie hingeben. Da hat eine jede Gestalt ihr Wort, ein jedes Einzelne seine Gattung, nicht ausser sich, sondern in sich gefunden, und ein jedes Daseyn ist durch die höchste Reinheit des Eigenthümlichen getrennt und vereinigt zugleich.

Wie die Freiheit oder das göttliche Gemüth sich selbst findet in d r Nothwendigkeit oder in der göttlichen Natur, so findet sich die Nothwendigkeit auch selbst in der Freiheit, und wie die Nothwendigkeit in ewiger Verbindung mit der Freiheit *lebendig*, so ist die Freiheit in ewiger Verbindung mit der Nothwendigkeit *sittlich*.

Einem ward es vergönnt, in dem sich selbst wiedergegebenen Gemüthe die Formen des Menschlichen in reiner Eigenthümlichkeit zu fassen, alle trübende Beziehungen zu zerstören, auf jedem Punkte des geschichtlichen und bewussten Daseyns alles Aeussere Verunreinigende mit sicherer Hand zu sondern, dass das sorgfältig Getrennte nur mit sich selbst vereinigt sei und mit dem Ganzen; dadurch den Frevel der trennenden Zeit zu zerstören, und die ewige Liebe des Gemüths und der Natur, die Religion, kund zu thun. — Als diesen nenne ich Schleyermacher.

Seine Bestrebungen mögen wir uns eigen machen; denn nur dem gereinigten Gemüthe ergiebt sich die göttliche Natur.

1.

Es giebt nur Ein wahres Erkennen, und dieses ist das absolute Erkennen der Vernunft.

Was in der Vernunft erkannt wird, ist nichts als die Vernunft selbst, und auch das Erkennen ist wiederum nur die Vernunft.

Nennen wir das Erkennende ein Subjektives, das Erkannte ein Objektives, so ist das wahre Erkennen, oder das An-sich des Erkennens, weder das eine noch das andere, also weder ein erkennendes Subjekt, noch ein erkanntes Objekt, sondern die absolute Einheit beider.

Der Gegensatz zwischen Subjektivität und Objektivität ist also kein reeller Gegensatz; die wahre Realität ist nur da, wo er schlechthin verschwindet.

Das Objektive sei uns hier das Mannigfaltige des Seyns, das Subjektive die Einheit des Denkens, ſo wird das wahre Erkennen nur da ſeyn, wo Denken und Seyn identiſch werden.

Das Erkennen ſelbſt wird als ein Subjektives geſetzt, und da es eine Identität des Subjektiven und Objektiven iſt, zugleich als ein Nicht-Subjektives. Wird das Erkennen als ein bloſs Subjektives geſetzt, im realen Gegenſatz gegen ein Objektives, ſo verſchwindet ſeine Realität, die nur in der Identität beider iſt; wird es als das Identiſche der Objektivität und Subjektivität geſetzt, ſo verſchwindet die beſondere Form, in welcher es doch nur ein Erkennen iſt. Dieſer Widerſpruch wird durch das Weſen der Vernunft ſelbſt gehoben, indem es zu ihrem Weſen gehört, ſich ſelbſt zu erkennen. Die Vernunft alſo, unter der Form des Erkennens, iſt die ganze Vernunft, auch ihrem Weſen nach, und da in der Form des Erkennens der Vernunft nichts iſt, was nicht zugleich das Weſen der Vernunft wäre, und in ihrem Weſen (ihrer ewigen Selbſterkenntniſs wegen) nichts ſeyn kann, was nicht zugleich ihre Form wäre, ſo iſt mit der Idealität der Form des Selbſterkennens zugleich die Realität des Weſens der Vernunft ewig, nothwendig und unzertrennbar geſetzt.

In der Vernunft iſt Alles, auſser der Vernunft nichts; denn da Alles, was ſich auſser der Vernunft befinden ſollte, ſich zur Vernunft wie ein Objektives (ſo daſs die Vernunft ein Subjektives würde), oder wie ein Subjektives (so dafs die Vernunft ein Objektives würde) verhalten mufs, die Vernunft aber die ewige und absolute Identität des Subjektiven und Objektiven ist, so verschwindet Alles nothwendig in der Einheit der Vernunft.

Die absolute Einheit wird nicht *gesucht;* als wenn ein Erkennen aufser ihr anfangen und mit ihr etwa endigen konnte, — auch nicht *postulirt,* in dem Sinne, wie man zum Behuf einer Wissenschaft einen Grundsatz sonst wohl fordert; sie ist vielmehr das ewig daseiende, nicht-gesuchte, nicht-gefundene, sondern absolut geschenkte Organ aller lebendigen Untersuchung, alles wahrhaften Erkennens, welches das Ganze des Erkennens und einen jeden Punkt desselben gleich klar bezeichnet.

Die Vernunft ist schlechthin, d. h.: sie ist ewig, und ihr Wesen ist das ewige Seyn selbst, seinem Wesen nach; alles endliche Seyn ist also nur als besondere Form des Seyns des Ewigen zu erkennen; da aber das Erkennen als die Form schlechthin gesetzt wird, so müssen alle endliche Formen mit der absoluten Form eins werden; diese aber ist mit der Einheit des ewigen Wesens alles Seyns identisch. Es giebt daher für das wahre Erkennen kein endliches Ding, das Endliche wird vielmehr nothwendig in die ewige Form und sofort in das ewige Wesen gesetzt, in welcher es aber mit diesem eins ist.

In der gemeinen Reflexion wird das Denken von dem Seyn getrennt. Das Seyn erſcheint als die mannigfaltige Fülle des Endlichen, das Denken als die leere Einheit des Unendlichen. Das Seyn enthält, für dieſe Anſicht, die Menge des beſtimmten Wirklichen; dieſer gegen über ſteht das Denken als das Beſtimmende, und enthält die bloſse Möglichkeit alles Wirklichen in ſich; durch das Denken wird die Mannigfaltigkeit des Endlich-Wirklichen in der Einheit des Begriffs vereinigt. Dieſe Einheit enthält aber die bloſse Möglichkeit, die in dem Mannigfaltig-Endlichen wirklich iſt. Dieſer Gegenſatz des Endlichen und Unendlichen, der Wirklichkeit eines beſondern Seyns und der Möglichkeit eines allgemeinen Denkens iſt aber für das wahre Erkennen von keiner Realität; für dieſes iſt vielmehr das Endliche mit dem Unendlichen, das Wirkliche mit dem Möglichen urſprünglich und nothwendig verbunden. Wird nun das Beſondere dem Allgemeinen abſolut einverleibt, ſo iſt in dem Allgemeinen ein jedes Beſondere, nicht bloſs der Möglichkeit, ſondern auch der Wirklichkeit nach, in einem jeden Beſondern aber die Allgemeinheit des Begriffs nicht bloſs möglich, ſondern auch wirklich; nun ſind alle einzelne Begriffe, in ſo fern ſie einzeln ſind, wieder als beſondere in den ewigen Begriff geſetzt, dieſer aber iſt mit dem Weſen des Ewigen eins. Auf einem jeden Punkte und in einem jeden Beſondern entdeckt ſich daher die ganze Fülle des Ewigen für das wahre Erkennen.

Die Identität des Denkens und Seyns wird Anschauung genannt. Das Erkennen der Identität des ewigen Denkens und ewigen Seyns ist die Selbstanschauung der Vernunft schlechthin — intellektuelle Anschauung.

Schauen wir ein Endliches als ein solches, so hat dieses Endliche den Grund seines Daseyns nicht in sich selbst; es ist bestimmt durch ein anderes Einzelnes, dieses wieder durch ein anderes, und so fort ins Unendliche; auch muss es als bestimmend für ein anderes Einzelnes, dieses wiederum als bestimmend für ein folgendes u. s. w. gesetzt werden. Es hat also ein jedes Endliche in sich eine endliche Wirklichkeit, die aber durch die allgemeine Verkettung aller Dinge nothwendig ausser sich auf eine unendliche Möglichkeit hinweiset. Dieser Gegensatz der endlichen Wirklichkeit und der unendlichen Möglichkeit hat aber bloss für einen Standpunkt ausserhalb der Vernunft Realität, für die Vernunft selbst also keine; für die wahre Anschauung ist vielmehr eine jede endliche Wirklichkeit mit der unendlichen Möglichkeit unmittelbar verknüpft, und ein jeder Punkt bezeichnet ein wahrhaft ewiges nur unter der bestimmten Potenz des Besondern.

Das Erkennen, welches ein Einzelnes, Endliches als reell setzt, entspringt nur in der Form der Zeit, aber die Zeit selbst ist für das Ewige nicht; daher ist nicht allein das Endliche als ein ſolches, ein Nicht-Reelles für die Vernunft, ſondern auch jene Geſetze, die für den Verſtand abſolute Realität haben, indem ſie, die Zeit geſetzt, nicht allein für eine beſtimmte, ſondern für alle Zeit gelten, wie z. B. das Geſetz der Kauſalität, welches auf die wechſelſeitige Abhängigkeit und Unvollkommenheit des Endlichen allein deutet, und alſo in der abſoluten Seligkeit der ewigen Vernunft verſchwindet.

Es iſt daher kein Widerſtreit im Ewigen, nichts Sterbliches oder Vergängliches, kein Gegenſatz vom Innern und Aeuſsern, nichts was für ſich ſelbſt oder für das Ganze fremd wäre, ein jedes Einzelne nimmt an dem Leben des Ganzen Theil, und iſt dem Weſen nach Eins mit Allem.

In der Vernunft erkennen, heiſst daher nicht ein Sinnliches, Endliches, ſo wie es ſich den leiblichen Sinnen entdeckt, als ein Sterbliches oder Vergängliches, ſondern, ein jedes Einzelne in ſeinem Weſen, d. h. in der Potenz des Ewigen, erkennen. Ein jedes wiſſenſchaftliche Beſtreben, wenn es ſich gleich ſelbſt nicht erkennt, iſt, ſeinem Weſen nach, ein Beſtreben, die Dinge, nicht wie ſie in der Erſcheinung, ſondern wie ſie, an ſich in der Vernunft ſind, zu erkennen; denn auch in einer jeden, ſelbſt empiriſchen, Wiſſenſchaft iſt nicht das Beſondere für ſich, auch nicht der allgemeine Grundſatz für ſich, ſondern nur die Identität beider das Reelle. Nur weil man, sich selbst misverstehend, das Wesen der Wissenschaft selbst als ein Einzelnes setzt, verschwindet die Realität dieses Strebens in der Nichtrealität eines sich selbst widersprechenden Produkts.

Wenn das Denken, wie in der endlichen Reflexion, als von dem Seyn getrennt, angesehen wird, so erscheint jenes als ein blofs negatives Vermögen, das nichts vermag, dieses als das absolut-positive, in welchem alle Realität ist. Das Denken ist dann eine unendliche leere Form, das Seyn eine Mannigfaltigkeit des Wesens. Da aber für das wahre Erkennen alle Gegensätze nur formell sind, und sich in die absolute Form auflösen, in und mit welcher sie an der unbetrübten Einheit des Wesens Theil nehmen; so wird (die Identität des Denkens und des Seyns vorausgesetzt) die Allgemeinheit des Denkens — wenn sie mit dem Besondern des Seyns unmittelbar verknüpft ist — *jene* als die unendliche Einheit des Wesens selbst, *dieses* als die formelle Mannigfaltigkeit des Endlichen heraustreten. — Durch die Aufnahme des Besondern ins Allgemeine wird das Endliche dem Unendlichen einverleibt, die Form dem Wesen gleich gesetzt. Durch die Aufnahme des Allgemeinen ins Besondere wird ferner das Unendliche dem Endlichen einverleibt, das Wesen in die bestimmte Form aufgenommen. Aber das Wesen, als das ewig Unbegränzbare, Untheilbare, Ideale, im Gegensatze gegen die Form, als das ins Unendliche getheilte Reale, ist, wo es ist, dasselbe, also in der Form aufgenommen, ganz und untheilbar, und da mit einer jeden Form die Identität der Form und des Wesens gesetzt ist, so ist eine jede Form für sich absolut, und geniesst ein ewiges Leben.

Nur in der endlichen Welt und für eine endliche Anschauung trennt sich das Wesen von der Form, das Allgemeine von dem Besondern, das Endliche von dem Unendlichen. In dieser Trennung erscheint daher nothwendig das Wesen als eine leere Möglichkeit und formlose Form, die Form, das Besondere aber, als eine vergängliche Wirklichkeit und ein bloss veränderliches Wesen. Für das wahre Erkennen hingegen ist die ewige Substanz der Dinge mit der Unendlichkeit des Denkens eins und dasselbe, nur im Ewigen der Endlichkeit der Formen unmittelbar einverleibt. Was daher für das endliche Erkennen reine, einzige, reelle Position ist — die vergängliche Wirklichkeit — ist, für das wahre Erkennen, vielmehr blosse Negation. Nemlich das, was als unendliche Möglichkeit der endlichen Wirklichkeit entgegensteht, ist mit dieser in der ewigen Idee nothwendig verknüpft, und erscheint, bloss unter den Bedingungen der Zeit, also nicht an sich, als getrennt. Auch ist ein jedes Endliche, wenn es in die Allgemeinheit des Wesens mit der bestimmten Form aufgenommen wird, ein Unendlich-Endliches. Aber diese Unendlichkeit des Endlichen ist nicht eine Unendlichkeit der Zeit nach, fondern vielmehr eine ewige zeitlofe Unendlichkeit. Ein jeder Begriff ift, als diefer beftimmte Begriff, nothwendig ein Befonderes, als Begriff aber fchlechthin ein Unvergängliches; das Endliche daher — in die Allgemeinheit des Denkens aufgenommen — wird, als ein Endliches, unvergänglich, und in der Ewigkeit als das Unendlich-Endliche felbft fchlechthin gefetzt. —

Indem ein Endliches als zeitlos endlich gefetzt ift, ift es zugleich ewig, und wie in einer Rückficht, wenn wir das Endliche, als in fich feyend betrachten, dem Ewigen abfolut entgegengefetzt, in einer andern Rückficht mit dem Ewigen abfolut eins und verbunden; fchauen wir das Abfolute fchlechthin an, fo ift fie die Einheit alles Unendlich-Endlichen und Endlich-Unendlichen felbft, und alle Formen, der Einheit des Wefens eingepflanzt, drucken die Identität des Einen und Vielen in ewiger Klarheit aus; — fchauen wir die beftimmte Form, in fo fern ihr die Allgemeinheit des Wefens eingepflanzt ift, fo ift fie, in fo fern fie zeitlos in fich ift, eine gefchloffene Totalität, und in ihrer Form druckt fie das Wefen des Abfoluten auf eine abfolute Weife ganz aus. Auf einem jeden Punkte ift alfo, wie im Ganzen, die Klarheit und Einheit des Abfoluten ohne Gegenfatz oder Widerftreit; die Dinge *im Abfoluten* erkennen, heifst, fie als abfolut erkennen. Schelling druckt diefes fo aus: es fei im Abfoluten keine Differenz des Subjektiven und Objektiven; in so fern aber zum Behuf der Selbsterkenntniss die Form dem Wesen als ein Erkennendes dem Erkannten, ein Subjektives dem Objektiven, ideell, nicht reell entgegengesetzt wird, so entstehe keine qualitative, sondern nur eine quantitative Differenz des Subjektiven und Objektiven, so, dass dasselbe identische Subjekt-Objekt, in so fern es mit der Bestimmung der überwiegenden Subjektivität auf der einen Seite heraustritt, eben so und nothwendig mit überwiegender Objektivität auf der andern Seite heraustreten muss. In dieser Entgegensetzung ist aber auf einem jeden Punkte das ganze Subjekt-Objekt nur auf der einen Seite mit der überwiegenden Subjektivität, auf der andern Seite mit der überwiegender Objektivität gesetzt, so dass der absolute Centralpunkt in zwei relative Indifferenzpunkte getrennt erscheint. Diese ideelle, für das Erkennen gesetzte Entgegensetzung fixirt, erscheint also dasselbe Identische auf einem jeden Punkte ganz, auf der einen Seite, als der ewige Leib, oder das körperliche Universum, oder Natur, nicht in so fern es sichtbar ist, sondern in so fern das Wesen der Form auf ewige Weise eingepflanzt ist, und nun das ganze Wesen unter der Bestimmung der Form sich darstellt, auf der andern Seite als ewiger Geist oder Geschichte, nicht in so fern diese unter den Zeitbedingungen abläuft, sondern in so fern sie das Aufnehmen der Form in das Wesen auf eine ewige Weise ausdruckt, und nun die ganze Form unter der Bestimmung des Wesens ſich darſtellt. Aber dieſe Beſtimmungen ſind blos ideell, und ſind ſie einmal relativ geſetzt, ſo erſcheint das Abſolute als die Indifferenz des Unendlich-Endlichen, des unter der Form geſetzten Weſens, — der Natur — und des Endlich-Unendlichen, der in das Weſen eingepflanzten Form, — der Geſchichte. —

Die Geſchichte ſowohl als die Natur ſind geſchloſſene Totalitäten; in beiden offenbart ſich die ganze Totalität. — Daher zwei Wiſſenſchaften als Hauptwiſſenſchaften — nemlich *Naturrecht* und *Phyſik*.

Der Indifferenzpunkt zwiſchen Natur und Geſchichte erkennt die Relativität beider in ihrer Abſolutheit. Die Natur erhält ihre höchſte Bedeutung im Erkennen, als eine innere Gewalt, die die äuſsere überwältigt (die Gewalt des Weſens über die Form). Die Geſchichte erhält ihre tiefſte Bedeutung im Naturzwange, als eine äuſsere Gewalt, die die innere überwältigt (die Gewalt der Form über das Weſen).

Die Geſchichte iſt das ewige Vorbild der Natur, die Natur das ewige Abbild und Gleichniſs der Geſchichte. — Die Natur bewahrt die Schönheit des Weſens in einer ewigen Form, — die Geſchichte die Wahrheit der Form in ihrem unvergänglichen Weſen.

Die Natur hat in ihrer ewig ſchönen Form alle Wahrheit der Geſchichte, die Geſchichte in der Wahrheit ihres ewigen Weſens alle Schönheit der Natur.

Schauen wir die Natur aus dem abſoluten Standpunkte, ſo iſt ſie bloſs im Erkennen; ſchauen wir das Erkennen, ſo iſt es bloſs in der Natur. Die ewige Wahrheit iſt da, wo die Natur keinen Schatten ins Erkennen wirft, das Erkennen keine Gewalt über die Natur ausübt, wo beide völlig unzertrennbar ſind.

Die Geſchichte iſt die erkannte Natur, daher übt dieſe hier ihre Gewalt aus, und offenbart ſich als das Recht der Natur — *Naturrecht.*

Die Natur iſt ihr eignes Erkennen; daher kehrt ſie durch das Erkennen (in der Geſchichte) ihre Gewalt gegen ſich ſelbſt, und wird Naturwiſſenſchaft — *Phyſik.*

Alſo erſt nachdem wir die Natur zur Geſchichte gehoben, die Geſchichte in die Natur verſenkt haben, erhalten wir das Erkennen in und für ſich (das Erkennen ohne irgend einen Gegenſatz vom Erkannten) d. h. Wahrheit. Aber dieſe iſt in einer doppelten Richtung, in der Phyſik und in dem Naturrecht gleich möglich.

Die Natur repräſentirt im Gegenſatz gegen die

Geschichte das Endliche, Bestimmte, Nothwendige; die Geschichte, im Gegensatz gegen die Natur, das Unendliche, Unbestimmte, Freie. Aber bloss im Gegensatze sind beide relativ, in und für sich beide absolut. Die Natur ist das Unendlich-Endliche; das Endliche in ihr ist in der That unendlich, das Ewige die Identität beider. Das Nothwendige in ihr, durch das Aufnehmen im Erkennen, durch welches sie erst vollendet ist, wahrhaft frei, (dieses Erkennen — wohl verstanden — als ein zeitloses Erkennen, mit dem Seyn der Natur zugleich absolut gesetzt) gedacht; die Form, durch welche das Unendliche in das Endliche aufgenommen wird, ist der *Raum*, durch das Erkennen mit der Zeit identifisirt.

Die Geschichte ist das Endlich-Unendliche, doch so, dass das Unendliche in ihr in der That ein Endliches ist, das ewig Wahre die Identität beider. Das Freie in ihr wird durch den Naturzwang, durch welchen sie erst vollendet ist, nothwendig. Die Form, durch welche das Endliche in das Unendliche aufgenommen wird, ist die *Zeit*, welche durch das absolute Erkennen mit dem Raume identifisirt wird.

Der Raum und die Zeit, das Nothwendige und das Freie, sind relative Formen, welche identisch werden, auf dem Standpunkte, wo Natur und Geschichte indifferent sind.

Aber die Natur und die Geschichte sind jede für sich; wenn sie ohne Gegensatz betrachtet werden, wiederum geschlossene Totalitäten, und die wahre Natur in der Natur, die wahre Geschichte in der Geschichte, die Identität beider relativen Formen, so dass Raum und Zeit, Nothwendigkeit und Freiheit in der Natur und der Geschichte eins, nicht bloss vereinigt sind.

Da die relative Entgegensetzung der Form und des Wesens nur eine ideelle Bestimmung ist, so ist sie selbst in die Form gesetzt, und in das Wesen nur in so fern, als dieses sich in die Form ausdruckt. Aber da die absolute Form dem absoluten Wesen schlechthin gleich ist, so verschwindet auch in jener die ideelle Bestimmung, auf eine solche Weise, dass das in den zwei relativen Indifferenzpunkten Getrennte in dem Centralpunkte des schlechthin Ewigen sich wiederum auflöst.

Das, wodurch eine relative Differenz des Wesens und der Form in Rücksicht auf das Ganze gesetzt wird, nennen wir die bestimmte *Potenz*, und sie druckt sich durch den Grad des Ueberwiegens der Subjektivität oder der Objektivität aus.

Aber, wie ein so bestimmt, in einem relativen Differenzverhältniss der überwiegenden Subjektivität oder Objektivität Gesetztes, in Rücksicht des Ganzen ein Relativ-Differentes ist, so ist es für sich doch das ganze Subjekt-Objekt; *in ſeiner Form* mit dem untheilbaren Weſen als Eins, alſo ewig geſetzt. Das, wodurch die Potenz als dem ewigen Weſen gleich geſetzt wird, nennen wir *Idee.*

Die Philoſophie iſt die Wiſſenſchaft der Ideen.

2.

Die Naturphilosophie ist kein Theil der Philosophie, sondern selbst die ganze Wissenschaft, nur unter der Potenz der Form.

Die Naturphilosophie hat für das Erkennen die Priorität, denn sie ist als das Erkennen des Erkennens, oder als das potenzirte Erkennen zu betrachten.

Die Natur braucht, um erkannt zu werden, kein fremdes Prinzip, sondern ist in sich selbst gegründet, d. h. absolut.

Was wir Natur nennen, ist nicht die der sinnlichen Anschauung entgegenstehende, im Endlichen befangene, sondern die ewige, in sich selbst unveränderliche Natur. Die sinnliche Anschauung ist selbst nur eine Modifikation dieser höhern Natur; Alles was ihr entgegensteht, ist daher in den relativen Formen ihrer eigenen Existenz gebrochen, und, wie sie selbst, nur ein Endliches und Vergängliches.

Ist die Natur absolut, so ist ihr Erkennen als ein ewiges Selbsterkennen, also als schlechthin identisch mit ihrem Seyn gesetzt. Alle ideelle Bestimmungen, d. h. Potenzen, des absoluten Erkennens überhaupt, müssen also in der Natur wieder vorkommen, aber unter der gemeinschaftlichen Potenz der Form.

Diese Potenzen sind als relative Gegensätze mit relativ überwiegender Subjektivität oder Objektivität gesetzt; nur so, daſs, im Gegensatz gegen die Geschichte, die Natur überhaupt die herrschende Subjektivität darstellt; in sich aber ist die Natur ein geschlossenes Subjekt-Objekt, und in der ewigen Idee selbst nicht die relative Differenz, sondern die absolute Identität des Subjektiven und Objektiven, der Form und des Wesens, welche — die relative Differenz gesetzt — durch eine Rekonstruktion sich als Indifferenz offenbart.

In der Natur ist nichts Endliches für sich als Einzelnes, auch nichts Unendliches im Gegensatz gegen das Endliche für sich, als Kraft; alles Unendliche ist vielmehr in und mit dem Endlichen, alles Endliche wahrhaft unendlich. Wenn wir eine Linie in der Natur gezogen, eine Bestimmtheit in ihr gesetzt haben, so sind zugleich und nothwendig alle Linien in alle mögliche Direktionen gezogen, und alle Bestimmtheiten, als solche, ins Unendliche zugleich mit gesetzt. Für die sinnliche Anschauung und für die endliche Reflexion entdeckt sich dieses als eine nothwendige Verkettung des Einzelnen mit dem Ganzen. Durch diese Verkettung werden eine unendliche Menge Bestimmtheiten, obgleich sich wechselseitig bestimmend, als außer - einander - seyend, neben einander im Raume gesetzt. Eben so wird, wenn ein Einzelnes gesetzt ist, dieses Einzelne als begründet durch ein Vorhergehendes, und als ein Nachfolgendes begründend, in der Zeit gesetzt. So sind freilich Raum und Zeit die nothwendigen Formen der sinnlichen Anschauung, durch welche ein jedes Endliches und Bestimmtes sich zu allen nothwendig gesetzten Bestimmtheiten, wie ein Aeusseres zum Aeussern verhält — im Raume, und wie eine endliche Wirklichkeit zu einer unendlichen Möglichkeit — in der Zeit. Für das wahre Erkennen ist aber die Entgegensetzung der Zeit und des Raums nur eine relative, die Identität des Endlich-Unendlichen aber das reale. Für dieses Erkennen also ist alles Aeussere, dem Wesen nach, nur unter der bestimmten Potenz der Form in einem jeden Endlichen, alle Möglichkeit in dem Endlich-Wirklichen als wirklich gesetzt, und so ein jedes Endliche, indem ihm die endliche Unendlichkeit der Zeit als ewige Wirklichkeit eingepflanzt ist, als wahrhaft unendlich — das allmählich durch einen unendlichen Progressus werdende Unendliche in der Zeit, indem ihm das Unendlich-Endliche durch den Raum eingepflanzt wird, als wahrhaft endlich — gesetzt.

In der empirischen Naturforschung, die in der sinnlichen Anschauung bleibt, muss die Verkettung der Dinge, als ein Absolut-Ideales, dem Aussersich-seyn der Dinge, als einem Realen, nothwendig und schlechthin entgegengesetzt seyn, und der Uebergang von einem Aeussern zu einem andern bleibt schlechthin unmöglich. Für das wahre Erkennen existirt dieses Problem gar nicht, ein jedes Aeussere ist vielmehr, dem Innern oder dem Wesen nach, Eins mit Allem, und indem die bestimmte Potenz zur Idee gehoben wird, ist sie selbst das Ganze und aller Uebergang unmöglich. Da aber das Einzelne, nur im Verhältniss gegen ein Aeusseres, selbst als ein Aeusseres gesetzt werden kann, dieses Verhältniss aber für die Idee gar nicht stattfindet, so giebt es für das wahre Erkennen gar kein Aeusseres, sondern nur ein Inneres, das in sich klar durch keinen äussern Gegensatz getrübt wird.

Eine jede Idee ist als ein Unendlich-Endliches ein Abbild des ganzen Universums, und das ganze Universum spiegelt sich in ihrer Form ganz, so dass nichts als ein abgesonderter Theil ausser ihr gesucht werden darf.

Eine jede Idee ist zugleich mit allen Ideen im Absoluten, als ewige Organe in einer schlechthin absoluten Organisation gesetzt.

Das Absolute ist als eine Kugel anzuschauen, deren Peripherie ins Unendliche, also nirgends, deren Centrum allenthalben ist; für die endliche Reflexion ist vielmehr die Peripherie allenthalben, und das Centrum in einer unendlichen Ferne, d. h. nirgends. Da aber die Peripherie ohne irgend eine wirkliche Beziehung auf das Centrum, für die endliche Reflexion da ist, so ist sie überhaupt nicht als Peripherie, sondern als eine unendliche Menge gerader Linien anzusehen.

Durch die Zeit wird das Endliche in dem Unendlichen, durch den Raum das Unendliche in dem Endlichen aufgenommen; durch die *Zeit* wird also die Differenz des Besondern in die Indifferenz des Allgemeinen — durch den *Raum* die Indifferenz des Unendlichen und Allgemeinen in die Differenz des Besondern gesetzt. Jene (als von der Differenz ausgehend) ist daher der Ursprung aller Richtungen. Die ursprüngliche Anschauung der Richtung ist die Linie. Dieser (als von der Indifferenz ausgehend) ist ursprünglich richtungslos. Aber Zeit und Raum sind nur ideelle Bestimmungen, das Wahrhaft-Reelle ist da, wo die Richtungslosigkeit des Raums in die Richtung der Zeit, und umgekehrt diese in jene absolut gesetzt ist.

Die Cirkellinie, in so fern sie nicht, wie in der Mathematik, als bloss identisch mit einem subjektiven Denken, sondern, wie in der intellektuellen Anschauung, als absolut und lebendig seyend, angeschaut wird, stellt eine Identität der Zeit und des Raums dar, weil eine Unendlichkeit möglicher Richtungen sich in ihr in die Wirklichkeit einer in sich absolut zurückkehrenden, also (als bestimmte Richtung) verschwindenden, Richtung auflöst.

Mit der bestimmten Richtung der Linie ist eine überwiegende Subjektivität auf der einen, und mit dieser nothwendig eine überwiegende Objektivität auf der andern Seite gesetzt. Diese Linie, in so fern sie nicht in der Zeit, sondern absolut gesetzt wird, druckt die Zeit selbst als *seyend* aus, und ist schlechthin unendlich. Wird das Objektive in dieser Linie durch *B*, das Subjektive durch *A* bezeichnet, so wird auf der einen Seite ein überwiegendes *A*, auf der andern Seite ein überwiegendes *B*, in der Mitte die Indifferenz beider gesetzt. Da aber der Anfangs- und Endpunkt dieser Linie im Unendlichen liegt, so ist der Mittelpunkt, als der Indifferenzpunkt, allenthalben. Ferner, wenn man einen endlichen Theil dieser Linie sich denkt, so wird dieser Theil mit dem Charakter der ganzen Linie auftreten, und ein überwiegendes *A*, als einen hervortretenden subjektiven, ein überwiegendes *B*, als einen hervortretenden objektiven *Pol*, und den Indifferenzpunkt beider aufzeigen. Ferner, ein jeder Punkt dieser Linie wird, je nachdem man theilt, als subjektiver oder objektiver Pol, oder als Indifferenzpunkt auftreten.

Der Raum ist als das Absolut-Richtungslose, in der Trennung von der Zeit, ein Rein-Allgemeines, in welchem kein Punkt und keine Differenz unterscheidbar ist.

Der Raum ist nicht an sich, eben so wenig wie die Zeit an sich ist. Die Richtung der Zeit wird vielmehr mit der Richtungslosigkeit des Raums gesetzt, indem alle mögliche Richtungen in ein nothwendiges Seyn, also die Nicht-Realität aller endlichen Richtungen, gesetzt wird.

Wird die Linie als die ursprüngliche Richtung gesetzt, so kann sie doch nur relativ gesetzt seyn; nämlich so: $(A = B)$ ist, in und für sich ein $(A = A)$. Wird also der Gegensatz nur relativ gesetzt, so ist ein entgegengesetzter Gegensatz nothwendig mitgesetzt. Keiner dieser Gegensätze, sondern nur die Identität beider, ist das Reelle; indem aber die Gegensätze selbst sich relativ entgegengesetzt sind, wird der eine das Unendlich-Endliche oder die Aufnahme des Unendlichen ins Endliche unter der Potenz des Endlichen, d. h. die Zeit im Raume, fixiren; der andere Gegensatz wird vielmehr das Endlich-Unendliche, oder die Aufnahme des Endlichen ins Unendliche unter der Potenz des Unendlichen, d. h. das Seyende selbst in der Zeit aufnehmen. — Diese zwei Richtungen werden sich darstellen, wie zwei sich in einem rechten Winkel schneidende Linien; nur wird die eine Linie, als die *seyende*, der andern, als der *werdenden*, entgegenstehen. Die werdende Linie wird auf einem jeden Punkte entstehen und in keinem seyn; insofern sie aber der ursprünglichen Richtung entgegengesetzt wird, ist sie nicht allein in Einem, sondern wahrhaft in allen Punkten, alſo nicht eine Linie, ſondern eine unendliche *Fläche.* Wenn die urſprüngliche Linie als die *Länge* anzuſehen iſt, ſo wird dieſe werdende Linie als die *Breite* angeſchaut; aber das Seyn im Gegenſatz gegen ein Werden iſt eben ſo wenig reell, wie ein Werden im Gegenſatz gegen ein Seyn. Das Reelle iſt die Indifferenz beider, oder die *Tiefe.*

Das Abſolute, in ſo fern es die Indifferenz aller Dimenſionen iſt, iſt die Materie.

Die Materie iſt ewig und das Abſolute der Natur ſelbſt.

Der Raum iſt von der Materie nicht verſchieden, ſondern iſt die Materie ſelbſt, in ſo fern ihm die endliche Unendlichkeit der Zeit eingepflanzt iſt.

Die Materie iſt bloſs im Gegenſatz gegen die Geſchichte ein ($A = B$), in und für ſich ein ($A = A$).

Der Raum, im Gegenſatz gegen die Zeit, iſt eine reine Extenſität; die Zeit, im Gegenſatz gegen den Raum, die reine Intenſität. Die Identität der Intenſität und Extenſität iſt *Kraft.*

Im Raume iſt keine Richtung (in ſo fern der Raum als von der Zeit getrennt geſetzt wird) wirklich; auſser dem Raume iſt keine Richtung möglich

lich. In der Zeit ist also auch (wenn die Zeit vom Raume getrennt wird) keine Richtung möglich, ausser der Zeit aber keine Richtung wirklich; mit der Richtung der Zeit ist also nothwendig der Raum, und, da mit dem Raume die Einheit aller Richtungen, und für uns Richtung und Differenz eins ist, so ist die Einheit aller Differenzen nothwendig — gesetzt, d. h. alle Potenzen der Natur sind nicht nach einander, sondern zugleich, und die Natur druckt nichts anders aus, als die Einheit aller Potenzen.

Mit dem Gegensatz von Subjekt und Objekt ist die erste Richtung, mit dieser die entgegengesetzte, mit der Entgegensetzung der Gegensätze ihre wechselseitige Relativität, mit dieser Relativität aber so fort die Absolutheit der Einheit gesetzt.

So wie die Gegensätze überhaupt gesetzt sind, so sind sie ins Unendliche gesetzt, und zwar mit ihrer Relativität, so dass auf einem jeden Punkte das Endlich-Unendliche und das Unendlich-Endliche und die Identität beider ist.

Durch die seyende Linie wird die Indifferenz in die Differenz aufgenommen, durch die werdende Linie = Fläche wird die Differenz in die Indifferenz aufgenommen. Die Indifferenz ist also wirklich in der Differenz der seyenden Linie, nur der Form des Aussereinanderseyns im Raume untergeordnet; diese Linie überhaupt ist der Ausdruck des bestimmten Gebildeten. — Die Differenz ist in der That in der Indifferenz der werdenden Linie, nur der Form des Nacheinanderseyns in der Zeit untergeordnet. Die werdende Linie ist daher der Ausdruck des Unendlichen, Unbestimmten, in der Bildung Begriffenen.

Das Seyn, welches ein Werden im Gegensatz gegen sich hat, ist nur ein endliches, also nicht das wahre Seyn; das wahre Seyn ist die Identität des Werdens und des endlichen Seyns: wird also dieser Gegensatz relativ gesetzt, so wird die Identität, das Absolute, als Grund des Seyns gesetzt. Als solcher offenbart sich das Absolute in der *Schwere*.

Die Schwere, absolut betrachtet, druckt das Seyn der Natur schlechthin aus, so, dass alles Einzelne und Besondere durch sie in der allgemeinen Einheit der Natur schlechthin gesetzt wird, und mit allen Potenzen zugleich, als das schlechthin Eine.

Wie die Schwere Ausdruck des Seyns des Besondern im Allgemeinen ist, so ist die Kohärenz Ausdruck des Allgemeinen im Besondern: jene, die Einheit der Differenz und Indifferenz; diese, der relative Gegensatz des Differenten gegen das Indifferente.

Durch die Schwere, absolut betrachtet, druckt ein jedes einzelne Ding sein unmittelbares Seyn im absoluten Mittelpunkte der ewigen Natur selbst, durch die Kohärenz sein Seyn in sich selbst aus.

Das Princip der besondern Formen nimmt an den Differenzen selbst keinen Antheil, sondern ist als das Ewig-Formende und Bildende, das ewig unbedrübte ideale *Agens* der Natur. Ist die Natur in sich absolut, so ist das Erkennen als das Subjektive in ihr, nur unter der Potenz der Form schlechthin. Das unter der Potenz der Form angeschaute ewig Subjektive, ist das Schaffende der unendlichen Formen, doch so, daſs diese, als eine unendliche Mannigfaltigkeit relativer Reflexe, keinen Reflex absolut in sich setzt. Der Ausdruck dieses ewig formenden, durch die Mannigfaltigkeit der Formen aus seiner Identität nie heraustretenden Princips, ist das *Licht*.

Die Schwere druckt die Einheit des Wesens der Natur in ihrem unveränderlichen Seyn aus, und ist das konstruirende Princip, durch welches das Allgemeine in dem Besondern gesetzt wird. Das Licht ist das formende Princip, durch welches das Besondere im Allgemeinen gesetzt wird. Die Schwere ist die Identität des Wesens, das Licht die Identität der Form, beide unveränderlich und keiner Differenz fähig, beide aber unter der besondern Potenz der Form.

Durch die Schwere wird alles Einzelne aufgenommen in die Ruhe des Seyns im Raume, durch das Licht in die Bewegung des Werdens in der Zeit. Die Schwere setzt die Unendlichkeit des Seyns im Endlichen als wirklich, und ist das ewige Reale der Natur, das Unendliche ist hier das Erste dem Endlichen eingepflanzt. Das Licht setzt die Unendlichkeit des Werdens durch das Endliche als möglich, und ist das ewige Ideale der Natur; das Endliche ist hier das Erste, dem Unendlichen eingepflanzt.

Die Identität der Bewegung und Ruhe, der Wirklichkeit und Möglichkeit, des Raums und der Zeit, ist Organisation.

Die wahre Natur ist im Einzelnen wie im Ganzen absolut organisirt.

Nicht die Schwere, in so fern sie im Raume konstruirt, noch das Licht, in so fern es in der Zeit formt, ist das Wahre, sondern beide sind relativ in ihrer Absolutheit, und umgekehrt. So ist die Schwere eines jeden Planeten konstruirend in der Form des Planeten, als eigenthümliche Schwere des bestimmten Planeten; — Eins aber mit dem Wesen schlechthin, als das Konstruirende des Universums. So ist ein jeder Körper, in so fern er schwer ist, Eins mit der Erde; die Erde, in so fern sie schwer ist, Eins mit dem Sonnensystem; das Sonnensystem selbst schwer gegen einen unsichtbaren Punkt, und so weiter bis ins Unendliche. Die wahre Schwere tritt daher nie aus der Einheit ihres Wesens heraus. — So ist das Licht formend für das Planetensystem, in so fern es sich in relativ differenten Planeten organisirt; formend ferner für einen jeden Planeten, in so fern er sich in sich durch relative Differenzen organisirt. Der wahre Mittelpunkt des Planeten, das zugleich Formende und Konstruirende, der Repräsentant der Einheit der Schwere und des Lichts, ist *die Sonne.*

Die sichtbare Sonne, so wie sie sich für eine endliche Anschauung darstellt, ist selbst nur ein Reflex der wahren Sonne, die in einem jeden Planeten, in einer jeden Organisation, als das An-sich des formenden und konstruirenden Princips ist. In den Formen der endlichen Anschauung unterscheidet man daher die Richtung, durch welche die Differenzen der Formen in der Einheit der Massen, wie in einem gemeinschaftlichen Punkt, in ihr verschlossen ruhen — von der Richtung der Sonne, durch welche sie (aus sich herausgehend) alle Formen hervorruft, und schaffend gegen die Schwere zu kämpfen scheint. Diese Entgegensetzung der Richtungen, durch welche wir die Sonne als Masse, von der Sonne, als Quelle des Lichts, unterscheiden, ist aber nur relativ, in der ewigen Wahrheit dagegen Eins. Indem daher die Sonne das Allgemeine — Universelle — immer als ein mehr Besonderes — Individuelleres — setzt, ruht sie nicht, bis sie eine Organisation hervorruft, welche, indem sie die am meisten besondere, zugleich die Allgemeinste ist

— die Menſchenorganiſation. Das Licht offenbart ſich daher als das höchſte Princip, weil das Endliche als das Individuellſte, in der Menſchenform, mit dem Unendlichen identiſch wird, als *Endliches* (der Kulminationspunkt des endlichen Seyns); die Schwere, als das tiefſte Princip, weil ſich das Endliche, als ein ſolches, in ſie als das Unendliche — Univerſellſte — verliert. Der Punkt, wo das Endliche, als ein ſolches, durch die Menſchenorganiſation mit dem Unendlichen identiſch wird, iſt zugleich der, wo alles Endliche ſich als ein unendlicher Reflex, als Strahlen gegen einen unſichtbaren Schwerpunkt, dieſer aber wieder, als das abſolute Centrum, als die Sonne des Lichts und der Schwere, in welcher das Licht ſelbſt ſchwer, die Schwere aber durchſichtig wird, als abſolute Wahrheit und Klarheit alſo, d. h. als Vernunft, offenbart.

Ein jedes Endliche iſt, dem Unendlichen entgegengeſetzt, bloſs endlich; in ſich aber ein Unendlich-Endliches. In der relativen Entgegenſetzung alſo erſcheint es als ein Subjektives, das ſein Objekt auſser ſich hat, als ein bloſs Formelles, in einem andern, als ſeinem Grunde, Reell-Seyendes; in ſich aber und von der relativen Entgegenſetzung abgeſehen, iſt es ſein eigner Grund und mit dieſem Eins. Relativ alſo angeſehen, iſt es ein ($A = B$) abſolut aber, ein ($A = A$) oder ein A^2. Das Endliche alſo, wenn es unendlich geſetzt wird, verhält ſich wie die zweite Potenz oder das Quadrat von ſich ſelbſt.

In der Schwere ruhen alle Formen, wie in der verschlossenen Nacht des absoluten Seyns, ununterscheidbar. Nun ist aber entweder aller Widerstreit der Formen in eine Form aufgelöst, die dem Wesen gleich und mit diesem Eins ist (wie bei den Planeten), oder die einzelnen Formen sind sich ideell entgegengesetzt, so dass das Ideell-Einzelne sich zum Ganzen wie zu seinem Grunde verhält. In dem ersten Falle werden Zeit und Raum, Bewegung also und Ruhe, identisch gesetzt werden, im zweiten Fall aber wird die Bewegung sich nicht in dem Ruhenden, als mit diesem Eins, sondern als eine Bewegung gegen das, was sich zu ihm als Grund verhält, offenbaren. Aus dem ersten (aus der Identität der Ruhe und Bewegung) entspringen die Gesetze der Bewegungen der Planeten, aus dem letzten, die Gesetze der Bewegung der relativ bewegten einzelnen Körper gegen das Centrum, in welchem sie ruhen, oder die Gesetze des Falles.

„Durch die Schwere wird das Unendliche im „Endlichen gesetzt, dieses also ins Unendliche auf„genommen. Nun verhält sich das Unendliche zum „Endlichen wie die zweite Potenz; da aber das „Seyn ausser dem Absoluten, oder die Differenz, „in jeder Beziehung, nur eine quantitative seyn „kann, so kann sie auch in Ansehung eines relativ „bewegten Dinges nur quantitative Differenz *in Be„zug auf Raum*, also Entfernung, seyn. Es ge„schieht daher (kraft des allgemeinen Verhältnis-

„ses, des Endlichen und Unendlichen,' als ideeller „Gegensätze, wie sie hier sind, des letztern, nämlich als der zweiten Potenz des erstern) jene Bewegung so, dass die Zeit nicht der einfachen Entfernung, sondern dem Quadrat der Entfernung „gleich sey — und hier liegt der Grund des Newtonischen Gesetzes, dass die Schwere überhaupt „im umgekehrten Verhältniss des Quadrats der Differenz zunähme."

„Setzen wir ein Ding, das auch in der Erscheinung die beiden Einheiten der Form und des Wesens absolut in Eins gebildet trägt, so ist erstens „jede Einheit für sich absolut, und — da der ersten, welche Einbildung des Unendlichen ins Endliche in der Relativität, *der Raum*, der andern, „welche Einbildung des Endlichen ins Unendliche, „*die Zeit*, entspricht; so folgt, dass jede dieser „Einheiten, weil sie als absolut die Entgegengesetzte begreift, mit der andern reell Eins sey. Und „wenn wir, da in der In-Eins-Bildung oder Durchdringung beider das Absolute ist, beide als die „gleichen Quadratwurzeln des A^3 setzen, so ist jede „$=$ 1 zu setzen, so dass sie, mit einander vervielfacht, 1 geben, und hinwiederum beide die gleichen Wurzeln von 1 sind. Es sey die Einbildung „des Wesens in der Form, in so fern durch diese „der Weltkörper in sich selbst ist, und als solcher, „seinen Raum und seine Distanz vom Centro oder „dem Abbilde der Einheit behauptet, seine Centri-

„fugalkraft; — die Einbildung der Form in das „Wesen aber, welche diejenige ist, wodurch der „Weltkörper, indem er in sich selbst auch im Cen„tro oder dem Absoluten ist, seine Centripetal„kraft; so folgt, dass das Produkt jeder dieser Ein„heiten in Ansehung des Weltkörpers nothwendig „und ganz dasselbe sey. — Denn es werde in der „ersten Einheit A^2 ganz in ($A = B$) gebildet, so „ist, da dieses, in ideeller Bestimmung gedacht, „Differenz, oder das ist, was dem Weltkörper von „seiner Einheit sondert, hier also, was ihm die „Entfernung vom Centro bestimmt, indem ihm das „A^2, welches von sich selbst lebendig und Ursache „alles Lebens ist, absolut verbunden wird, das Pro„dukt dieser Einbildung *lebendige Entfernung* = „Umlauf. — Es werde zweitens das ($A = B$) „absolut in A^2 aufgenommen, so ist, da diese Ein„bildung in ihrer Relativität, Zeit, das Produkt „davon, dass der Weltkörper, als ein Bild der „Ewigkeit, die Zeit in sich selbst trage und fasse, „oder, da ($A = B$) = Distanz, A^2 in Bezug auf „$A = B$, Setzendes der Zeit ist — Distanz — *die* „*zur Zeit wird.* Hieraus erhellt, dass jede dieser „Einheiten das *Ganze* ist. — Fürs andere folgt, „dass, da die Zeit in beiden Einheiten in den Raum, „der Raum in die Zeit untrennbar gewachsen ist, „diese mit dem Raum synthesirte Zeit (welche „*Umlaufszeit* ist) kein unmittelbares Verhältniss „zum Raum als Raum (zur Distanz), sondern „nur zu dem haben könne, in Ansehung dessen bei-

„de untrennbar ſind, welches das A^3 iſt. — Da „ferner die Zeit als *Umlaufszeit*, d. h. als Zeit, „die mit dem Raume ſyntheſirt iſt, in beiden Ein- „heiten — nicht als ein Theil, ſondern als das „abſolut - *Ganze* ſteht, beide Einheiten ſich aber „zum Abſoluten (A^3) als die gleich abſoluten Qua- „dratwurzeln verhalten, ſo kann auch die *reelle* „oder Umlaufszeit in beiden Einheiten ſich zum „A^3 nur als die Quadratwurzeln verhalten. — „Nun iſt aber die Diſtanz $= D$ geſetzt, $\sqrt{A^3}$ auch „$= \sqrt{D^3}$, denn da $A = B$, welches, ideell gedacht, „$= \sqrt[3]{A^3}$, (wie bewieſen) auch $= D$ und demnach „auch $\sqrt[3]{A^3} = D$ iſt, ſo folgt, daſs D^3 auch $= A^3$, „und $\sqrt{A^3} = \sqrt{D^3}$. Es folgt mithin allgemein, „daſs ſich die *Umlaufszeiten* in Anſehung aller „Weltkörper *wie die Quadratwurzeln aus den Cu-* „*bis ihrer Entfernungen vom Centro verhalten*, „welches das erſte Kepplerſche Geſetz iſt.“

Durch die elliptiſchen Bahnen der Planeten wird ihre relative Differenz angedeutet, ſo daſs kein Weltkörper für ſich, wohl aber alle zuſammen, die völlige Cirkelbahn beſchreiben, welche aber für die ſinnliche Anſchauung, (mit welcher ſchon nothwendig alle relative Differenzen bis ins Unendliche geſetzt ſind), ſich nicht offenbaren kann, ſondern nur für die intellektuelle Anſchauung in dem ewigen Weſen der Vernunft abſolut iſt. Daher die Nothwendigkeit des zweiten Kepplerſchen Geſetzes.

„Auch die Differenz der elliptischen Bahnen ist „nur für die Erscheinung, und wird auch selbst in „der Erscheinung zur Identität gebracht. — Was „die formelle Gleichsetzung der Räume und Zeiten „in der Bewegung betrifft, so kann diese, da die „Entfernung vom Centro sich im Umlaufe nicht „gleich bleibt, aus der Differenz nur dadurch her-„gestellt werden, dass *im gleichen Verhältniss*, „wie mit der grössern Entfernung die Zeit, als der-„jenige Faktor der Bewegung, welche die Einbil-„dung des Endlichen ins Unendliche bezeichnet, „zunimmt, dagegen mit der geringern der Raum, „als Faktor der Einbildung des Unendlichen, ins „Endliche zunehme. — Die reelle Gleichsetzung „der beiden Einheiten aber, deren Schema die „Kreislinie ist, wird eben dadurch wiederherge-„stellt, dass die Zeiten sich nicht wie die durchlau-„fenden Bogen, sondern wie die *ganzen Räume*, „zwischen diesen und dem Centro verhalten; denn „da diese dem Inhalte nach einander gleich sind, so „folgt, dass, wenn die Zeiten sich wie diese verhal-„ten, in gleichen Zeiten doch wieder *gleiche Räu-„me* beschrieben werden, und dass also die Kreis-„linie, wenn nicht dem Scheine, doch der That „nach, in ihren Bewegungen ausgedruckt sey. „Und dieses ist der Sinn des dritten Kepplerschen „Gesetzes."

Indem durch das erste Kepplersche Gesetz die Identität des Planeten mit sich selbst, durch das zweite die relative Differenz, durch das dritte aber die Synthesis der Identität und der Differenz ausgedruckt ist, so ist mit diesen Gesetzen der ganze Typus der Gesetzmäſsigkeit in den Bewegungen und in dem Seyn der Weltkörper als relative Totalitäten, und mit diesem, der Typus des Seyns des Besondern im Allgemeinen vollständig ausgedruckt.

Durch die Erkenntniſs des absoluten Seyns alles Besondern schlechthin wird das Wissen spekulativ. Durch das Erkennen des Seyns des Einzelnen der Natur im absoluten Schwerpunkte, d. h., durch das Erkennen der spekulativen Bedeutung der Kepplerschen Gesetze, wird die Naturwissenschaft selbst spekulativ.

Die Form des Erkennens des Absoluten ist die der Trinität des Endlichen, Unendlichen und Ewigen, so, daſs das Unendliche endlich, das Endliche unendlich im Ewigen, das Ewige selbst als die Identität beider gesetzt wird.

3.

Wie das Wiſſen ſpekulativ wird, durch die Anſchauung der *Univerſalität*, ſo wird die Spekulation wiſſenſchaftlich, durch die Anſchauung der *Individualität*.

Das Beſtreben aller Wiſſenſchaft iſt ein mannichfaltiges der Erkenntniſs; da aber eine jede Wiſſenſchaft nothwendig ſpekulativ, d. h. organiſch, iſt, ſo muſs das Einzelne nothwendig das Ganze, das Ganze aber die Identität des Einzelnen ſeyn. Da alle Differenz nur eine quantitative, und, für ſich betrachtet, die Indifferenz ſelbſt iſt, nur unter der beſondern Potenz, ſo iſt das wiſſenſchaftliche Intereſſe dieſes: die Differenz in ihre Indifferenz, die Potenz in ihre Idealität, die Identität der Grenze und des Grenzenloſen, nicht in dem Grenzenloſen und Idealen, welches das reine ſpekulative Intereſſe iſt, ſondern in der Grenze und im Realen, obgleich grenzenlos und ideal, zu erkennen. — Eine Potenz, als ſolche, in ihrer Idealität erkennen, heiſst: Individualität anſchauen.

Nur das Individuelle hat wiſſenſchaftliches Intereſſe, und alles Nicht-Inviduelle, durch welches alſo im Einzelnen das Ganze nicht ausgedruckt wird, iſt eine Nicht-Realität für die Wiſſenſchaft.

Die Natur felbft fucht durch das immer intenfivere Individualifiren nichts, als den individuellften Reflex = Genie, welcher aber, in dem er das Maximum der Reflexion bezeichnet, zugleich die Identität der Reflexion und Anfchauung felber ift.

Die wahre Individualität ift nicht unter den Bedingungen der Zeit und des Raums, fondern ewig.

Das wiffenfchaftliche Beftreben aller Naturforfchung geht dahin, in der Relativität der Form des Einzelnen die Abfolutheit des Wefens zu erkennen; da aber das Wefen nur in der relativen Form, die relative Form felbft nur als identifch mit dem Wefen, diefer Gegenfatz aber von Form und Wefen nur als ein relativer Gegenfatz angefehen werden kann, fo ift das Erkennen der Relativität der Gegenfätze, d. h. das Erkennen der Quadruplicität in allem Einzelnen, ein Hauptbeftreben aller Naturforfchung.

Es ift der Zweck aller Naturwiffenfchaft, den trügerifchen Schein der endlichen Anfchauung, durch welchen ein jedes Einzelnes von dem Ganzen verfchlungen wird, fo, dafs weder das Einzelne, noch das Ganze (welches ja ohne das Einzelne nichts ift) irgend eine Realität hat, aufzuheben. Das wahre Seyn des Ganzen ift nur dann, wenn die Ewigkeit des Einzelnen gefichert ift.

Durch die Quadruplicität wird die Relativität der Gegensätze, und durch diese die Identität des Werdens und des Seyns im Ganzen und auf einem jeden Punkte erkannt. Ein jedes Endliches enthält die ganze Quadruplicität in sich, nur mit dem Hervortreten der einen Seite, durch welche die bestimmte Potenz bezeichnet wird; das Endliche selbst aber ist die Identität der vierfachen Richtungen, der Zirkel des scheinbaren Quadrats. So wie nun ein jedes Endliche, in Rücksicht auf sich, die Ewigkeit seines Seyns, (als einer geschlossenen Organisation) auf diese Weise beurkundet, so offenbart es, in relativem Gegensatze gegen alles übrige Endliche, die ins Unendliche gehende, in scheinbarer vierfacher Richtung sich zeigende relative Differenz, und wird, wie es in sich eine geschlossene Organisation ist, zugleich ein ewiges, relativ differentes Organ der absoluten Organisation.

Durch die Quadruplicität, eben weil sie die relative Differenz bis ins Unendliche eröffnet, werden die unendlichen Verschlingungen der ewigen Organisation erkannt, und durch sie allein sind wir im Stande, uns in dem scheinbar verworrenen Chaos zu orientiren.

Die Quadruplicität entsteht aus dem relativen Widerstreite zwischen Differenz und Indifferenz, zwischen Werden und Seyn, d. h., zwischen Schwere und Licht.

Das Licht, als das ewige Ideale und Unbegrenzbare der Natur, ist das Selbsterkennen der Natur selbst, nur unter der allgemeinen Potenz der Form. Alle einzelne Organisationen sind daher Organe des Selbsterkennens der Natur, die Natur selbst aber ist die Identität des Subjektiven und Objektiven des Erkennens und des Erkannten.

Der ewige Punkt der Schwere tritt durch das Licht scheinbar aus seiner Identität heraus, und dehnt sich zur Linie aus, in welcher eine unendliche Menge Punkte aufser einander sind; aber weil die Schwere realiter nie aus ihrer Identität heraustreten kann, so mufs ein jeder Punkt nur scheinbar aufser dem Mittelpunkte, realiter aber im Mittelpunkte seyn, so dafs also die scheinbar einzelnen Dinge sich nothwendig zu einem Ganzen organisiren müssen.

Das Licht, als das Subjective der Natur, will sich in seiner Identität mit dem Objektiven erkennen; da aber der Gegensatz zwischen Subjektivität und Objektivität, wenn er einmal gesetzt ist, nothwendig ein unendlicher seyn mufs, so ist der Widerstreit zwischen Schwere und Licht ein unendlicher, und nur auf eine nicht-zeitliche und ewige Weise, durch das Universum, absolut gehoben.

Das Licht ist, im Gegensatz gegen die Schwere, die lebendige Zeit, zeitlos gesetzt; die Schwere, im

Gegenſatze gegen das Licht, der abſolute Raum, mit der Zeit ewig geſetzt.

Der Gegenſatz zwiſchen Licht und Schwere iſt nicht ein Gegenſatz von *A* gegen *B*, ſondern von *A* gegen *A*.

Durch das Licht wird die Schwere gezwungen, aus ihrer Identität herauszutreten, aber ſie ſelbſt *iſt* auch nur dadurch — nemlich als Grund vom Daſeyn und organiſirendes Princip.

Die Differenz, in ſo fern ſie die Potenz der Schwere noch immer bezeichnet, wird ſich durch die beſtimmte Richtung ihrer Gegenſätze als die ſeyende Linie darſtellen. Da nun das In-ſich-ſeyn des Endlichen durch Kohärenz ausgedruckt wird, ſo wird die Differenz, in ſo fern ſie unter der hervortretenden Potenz der Schwere iſt, die kohärente Linie und die Beſtimmtheit aller Richtungen zugleich bezeichnen.

Die Differenz, in ſo fern ſie die Potenz des Lichts bezeichnet, wird ſich durch die Unbeſtimmtheit ihrer Richtungen als die werdende Linie darſtellen, und da ſie nur unter der Form der Zeit als immer entſtehend und nie ſeyend angeſchauet wird, ſo wird ſie zugleich als das Nicht-Kohärente und Richtungsloſe bezeichnet.

Die bestimmte Linie eines Planeten ist die Nord-süd-Linie — ihre physikalische Axe.

Die unbestimmte, nie seyende, immer entstehende Linie eines jeden Planeten, ist die Ostwest-Linie, und weil sie auf einem jeden Punkte entsteht und nirgends ist, so wird sie durch eine Zirkellinie — den Aequator des Planeten — bezeichnet.

Die Nordsüd-Polarität steht unter der Potenz der Schwere, und verliert sich in der Masse des Planeten, als das Seyende, Gefoldete. Die Ostwest-Polarität steht unter der Potenz des Lichts, verliert sich in das Werden des in Bildung Begriffenen.

Die Nordsüd-Polarität wird durch den magnetischen Gegensatz, die Ostwest-Polarität durch den elektrischen bezeichnet.

Vermöge des magnetischen Gegensatzes ist alles Einzelne dem Schema der Linie unterworfen, vermöge des elektrischen Gegensatzes dem Schema der Fläche. Aber nicht diese Quadruplicität, oder der Gegensatz der Gegensätze, sondern vielmehr die Indifferenz beider (die Tiefe, in welcher die Länge und Breite mit begriffen ist) ist das Reelle.

Eine jede Materie enthält die ganze Quadruplicität, weil sie als Materie die Einheit aller Dimensionen ist.

Weil die mannichfaltig verſchiedenen Verhältniſſe der Quadruplicität ins Unendliche gehen, ſo giebt es auch eine unendliche Mannichfaltigkeit verſchiedener Potenzen, in welche die Duplicität unter der Potenz der Schwere (magnetiſche Polarität) und die Duplicitat unter der Potenz des Lichts (elektriſche Polarität) zugleich mit der Identität des relativen Gegenſatzes (als Schwere und Licht) da iſt. Ein ſolches Einzelnes ſtellt ſich als ſpecifiſche Materie dar, und offenbart in ſich die Verhältniſſe des ganzen Univerſums; relativ gegen alles Uebrige aber, eine relativ hervortretende Seite der Quadruplicität.

Die Axe des Planeten ſtellt im Gegenſatz gegen den Aequator das Paſſive, Ruhende; der Aequator, im Gegenſatz gegen die fixirte Axe, das Aktive, Bewegliche dar.

Nicht allein die relativen Differenzen und die organiſchen Verwickelungen dieſer auf einem jeden Planeten, ſondern auch die relativen Differenzen und die innere Organiſation des Univerſums, wird nur aus den Verhältniſſen der Quadruplicität erkannt.

Da das Licht ſo wenig wie die Schwere aus ſeiner Identität heraustreten kann, ſo ſchlieſsen beide ihr Entgegengeſetztes nothwendig in ſich, und da das Licht als die zeitloſe Zeit oder als das hervortretende unbegrenzbare Ideale, die Schwere aber als der ewige Raum oder als das ewig grenzenlose Reale sich zeigt, so wird im Raume unter der Potenz der Masse sowohl, als in der Zeit unter der Potenz des schaffenden Lichts, die ganze Quadruplicität sich entdecken.

Die Quadruplicität stellt sich im Raume durch die Weltgegenden dar, wo die Nordsüd-Linie und die bestimmte Richtung die hervortretende ist, die Ostwest-Linie aber, den Raum mit der Zeit verknüpft.

In der Zeit offenbart sich die Quadruplicität durch gröfsere und kleinere Oscillationen, als Tages-, Jahreszeiten und gröfsere Epochen.

Was im Tage Morgen, ist im Jahre der Frühling — das hervortretende Endliche —; was im Tage der Mittag, ist im Jahre der Sommer — der Kulminations-Punkt des Endlichen und Individuellen —; was im Tage der Nachmittag, ist im Jahre der Herbst — das hervortretende Unendliche —; was endlich im Tage die Nacht, ist im Jahre der Winter — der Kulminations-Punkt des Unendlichen und Universellen.

Schon der Sprachgebrauch bezeichnet Norden mit Mitternacht, Süden mit Mittag, Osten und Westen aber mit Morgen und Abend.

Wie im Raume Mitternacht und Mittag (Nord- und Süd-Punkt) der herrschende, der Morgen- und Abend-Punkt aber der zurückgedrängte ist, so ist hingegen in der Zeit der Morgen- und Abend- (Ost- und West-) Punkt der hervortretende, der Kulminationspunkt des Mittags und der Mitternacht, dahingegen nur momentan. Weil nemlich die Quadruplicität in den Weltgegenden sich unter der Potenz der seyenden, die Quadruplicität der Tages- und Jahreszeiten aber, sich unter der Potenz der werdenden Linie offenbart.

Durch diese Quadruplicität der Formen hat die Natur den ewigen Rhythmus ihrer eigenen Konstruktion offenbart, und durch sie sind die ewigen Formen aller wissenschaftlichen Naturanschauung auf immer bestimmt.

Nicht die Trennungen der Quadruplicität der Zeit von der Quadruplicität des Raums, sondern die Identität des Werdens und des Seyns, in welcher der Gegensatz der Quadruplicitäten und mit diesen die Quadruplicität selbst verschwindet, ist das Reelle. So ist das Leben der Erde nicht aus ihren Oscillationen allein, auch nicht aus der Ruhe ihres Seyns allein, sondern nur aus der Identität beider zu begreifen.

Auf einem jeden Punkte zeigt sich, in der bestimmten Aktion, die ganze Quadruplicität der Epoehen — in einem jeden Produkte die ganze Quadruplicität der Weltgegenden, nur unter der Form der eigenthümlichen Potenz. Im Einzelnen wie im Ganzen findet man daher immer dieselbe innere Organisation, und das Einzelne ist wie das Ganze durch denselben Typus der Form bezeichnet. Für die sinnliche Anschauung wird durch die relative Trennung der Zeit und des Raums Alles von Allem verschlungen, und keine Individualität tritt rein hervor. Die wahre Naturwissenschaft erkennt aber in jeder Aktion die bestimmte Form eines absoluten Wesens, und dadurch die ewige Individualität.

Dasselbe Identische kann auf einem jeden Punkte, wie im Ganzen, in vierfacher Richtung bis zu einem Extrem hervortreten, mit überwiegendem Endlichen oder Unendlichen unter der Potenz des Endlichen mit überwiegendem Endlichen oder Unendlichen unter der Potenz des Unendlichen.

Das überwiegende Endliche in der relativen Duplicität zeigt sich als Attraktiv-Kraft, das überwiegende Unendliche als Expansiv-Kraft. Beide Kräfte kommen unter der Potenz des Endlichen und Unendlichen vor.

Das relativ überwiegende Endliche in der seyenden Linie, oder in der magnetischen Axe, wird in der experimentalen Physik, wo es am reinsten hervortritt, *Kohlenstoff* genannt, und kohärirt, wo es für sich hervortritt, unter allen Materien am stärksten in sich, als Diamant. Im Ganzen repräsentirt der Kohlenstoff den kohärentesten nördlichen Pol der Erdkugel. Die Alten bezeichneten dieses nördliche Princip treffender und sinnvoller durch das Element *der Erde.*

Das relativ überwiegende Unendliche in der magnetischen Axe wird in der experimentalen Physik, wo es am reinsten hervortritt, *Stickstoff* genannt, zeigt die nicht-kohärente oder expansive Seite der magnetischen Linie an, und bildet das Wesen der irdischen Luft. Im Ganzen repräsentirt der Stickstoff den weniger kohärenten südlichen Pol der Erdkugel. Die ältern Naturforscher bezeichneten dieses südliche Princip der Erde bedeutungsvoll durch das Element der *Luft.*

Weder das eine, noch das andere Princip, sondern die Identität beider, bildet die Masse der Erde, die als solche am reinsten und gediegensten da ist, wo der nordsüdliche Gegensatz in das identische Wesen am reinsten verschwindet, und die Masse, als solche, dem absoluten Schwerpunkte am nächsten verwandt ist; diese nimmt dadurch an der Unveränderlichkeit des Wesens unter allen irdischen Dingen am meisten Theil, und zeigt das Maximum der Schwere und das Maximum der Differenz gegen das Licht zugleich; die detdte sowohl durch ihre Undurchsichtigkeit, wie durch die irdische Unsterblichkeit ihres gediegenen Wesens. Es sind die edeln Metalle, welche die reinste Indifferenz der Erde überhaupt darstellen, und sich durch die unedlern Metalle der Differenz der südnördlichen Principe, nach entgegengesetzter Richtung, immer mehr und mehr nähern.

Das relativ überwiegende Endliche in der werdenden Linie oder in der Elektricität wird in der Physik, wo es am meisten hervortritt, *Sauerstoff* genannt, und repräsentirt die aktive Attraktiv-Kraft auf der Erde. Der Sauerstoff ist als das hervortretende Endliche unter der Potenz des Unendlichen ursprünglich richtungslos, aber zugleich das Bestimmende aller werdenden Richtungen auf der Erde (welche von der seyenden Richtung der Erde wohl unterschieden werden muss). Im Ganzen repräsentirt der Sauerstoff den beweglichen östlichen Punkt (das Punktum saliens) der Erde. Die Alten bezeichneten dieses östliche Princip tiefsinnig durch das Element des *Feuers*.

Das relativ überwiegende Unendliche in der werdenden Linie wird in der Physik, wo es am reinsten hervortritt, *Wasserstoff* genannt, und repräsentirt die aktive Expansiv-Kraft auf der Erde. Der Wasserstoff ist selbst richtungslos und widerstrebt zugleich allen bestimmten Richtungen auf der Erde. Im Ganzen repräsentert der Wasserstoff den beweglichen westlichen Punkt der Erde. Die Alten bezeichneten dieses westliche Princip durch das Element des *Wassers*.

Die Indifferenz der relativen Differenz von Sauerstoff und Wasserstoff ist das Wasser selbst, welches, da es eine Indifferenz auf der indifferenten Seite darstellt, im Gegensatz gegen die edeln Metalle, welche die Indifferenz auf der differenten Seite darstellen, als eine potensirte Indifferenz anzusehen ist, und weil die Wasserstoffseite selbst die indifferenteste ist, sich dieser scheinbar nähert, und das westliche Princip wird.

So wie es eine Indifferenz giebt, die ihren Gegensatz gegen sich hat (deren niedrigste Potenz die edeln Metalle, deren höhere Potenz das Wasser zeigt), so muſs es auch eine Indifferenz der ganzen Quadruplicität geben, durch welche dasjenige, was durch die Identität des Lichts und der Schwere sich als das Absolute entdeckt, in der Natur selbst sich als Indifferenz offenbart. Also eine allgemeine Versöhnung aller Differenzen, eine Anschauung, durch welche *Alles Eins* wird, und durch welche eine jede Differenz unmittelbar ihre allgemeine Verkettung und ihre Aufnahme in die allgemeine Einheit, die Alles umfaſst, offenbart. Diese ist mit der *Wärme* gegeben. Daher das wunderliche, mystische, nie völlig ergründete Wesen der Wärme, daher ihre tiefe Verwandtschaft mit der Schwere und mit dem Lichte zugleich. Ein jeder Planet hat so feine Temperatur, in welcher der Streit der Schwere und des Lichts auf immer gefchlichtet ift; und wie auch die Temperaturen der einzelnen Körper, durch welche eine beftändige Oscillation entfteht, wechfeln, fo verändert fich diefe Temperatur nicht, und durch ihre unverkennbare Tendenz zum ewigen Gleichgewicht offenbart fich für uns ihr höheres Wefen. Eine jede einzelne Organifation, die eine beftändig dauernde Verföhnung des Lichts und der Schwere ift, feiert fie durch eine eigene Temperatur, welche bei allem Wechfel der Temperaturen der einzelnen Organe unverändert bleibt. — Ja — was ift das Gefühl der Kälte anders, als das Gefühl einer momentanen Differenz, welche unmittelbar mit dem Gefühl einer allgemeinen Indifferenz und Einigkeit verknüpft ift? Es giebt keine Differenz in der Wärme, eben weil fie die *allgemeine* Indifferenz ift, und in der Wärme kann man kein Extrem als Stoff oder relativ differente Materie aufzeigen, eben weil fie das An-fich der Materie, freilich nicht als Identität, fondern als Indifferenz, darftellt.

Ein jeder Oxydations- und Desoxydationsprozefs ift ein Abweichungsprozefs von der urfprünglichen Linie. Die Linie, welche das Beftreben hat, *in fich* zu feyn, wird dadurch in eine oscillatorifche Bewegung gefetzt, indem bald das In-fich-feyn der Linie, bald die Abweichung von der Linie die Oberhand hat. Da beide Bewegungen relativ ſind, ſo darf keine die abſolut ſiegende ſeyn; und da in einem jeden Moment, wie in einem jeden Punkt, die Bedingungen der Quadruplicität da ſind, ſo werden dieſe Oscillationen unendlich kleine und unendlich groſse Epochen bezeichnen.

In der ſeyenden Linie iſt eben ſo wenig ein totaler Mangel an Bewegung, welcher alle Veränderung abſolut ausſchlieſsen würde, wie in der werdenden Linie ein völliger Mangel an Ruhe, indem ſonſt eine unendliche Geſchwindigkeit alles Werden verhindern würde.

Die ſeyende Linie wirkt retardirend auf die werdende, die werdende umgekehrt accelerirend auf die ſeyende. Dieſer wechſelſeitige Sieg der Nord- und Südlinie über die Oſt- und Weſtlinie, und umgekehrt, bringt im Raume wechſelnde Differenzen hervor, die, im Ganzen, Hauptdifferenzen für groſse Epochen fixiren; unter der Potenz dieſer aber erſcheinen in kleinern Epochen, und in immer kleinern, mannichfaltige Veränderungen, welche durch die wechſelnde Erſcheinung des chemiſchen Prozeſſes, durch welchen in der Materie irgend ein Princip der Quadruplicität relativ hervortritt, bezeichnet werden. In der Zeit aber werden dieſe Oscillationen durch die gröſsern und kleinern Epochen, welche in ſich die Momente der ganzen Oscillation in gröſsern und kleinern Zeiten einſchlieſsen, bezeichnet. Der Raum iſt aber eben ſo wenig von der Zeit, wie die Zeit vom Raume, anders als relativ getrennt. Die Epochen ſind mit den räumlichen Veränderungen, dieſe mit jenen, eins; die Veränderungen aber ſind gleich den relativen Abweichungen, dieſe aber verlieren ſich für eine Anſchauung, für welche Werden und Seyn ſich durchaus durchdringen, und in welche die wahrhaft ruhende in ſich beſchloſſene Totalität des Planeten in der abſoluten Organiſation des ewigen Univerſums, als eine ewige Idee, ruht.

Kleinere Oscillationen werden von den gröſsern verſchlungen, und was in unendlich groſsen Epochen als beweglich erſcheint, erſcheint in kleinern Epochen als relativ ruhend, und ſo drückt ſich der Schein des Seyns, in Rückſicht auf unſere ganze Erdkugel, relativ dem Oſt- und Weſtpunkte auf.

Der magnetiſche Prozeſs der Erde zeigt das Ueberhandnehmen des In-ſich-ſeyns der Erde als Maſſe — den Sieg der Univerſalität, der Homogeneität des Gebildeten. Der elektriſche Prozeſs der Erde zeigt die Abweichung von der Linie — den Sieg des Individualiſirens, der Heterogeneität des ſich Bildenden. Die gediegene Maſſe der Erde zeigt ſich da, wo die Linie von der Schwere beſiegt wird, als abſolute Kohärenz. Wo das Licht die Abweichungen von der Linie hervorruft, werden die Bildungen immer mannichfaltiger und relativ kohärent

Wafferftoff und Sauerftoff find nichts Fremdes, was fich mit den oxydirten oder desoxydirten Körpern verbindet, fondern fie bezeichnen nur die Grade ihrer Abweichungen, je nachdem fie intenfiver hervortreten. Eben fo find Stickftoff und Kohlenftoff nichts Fremdes, was zu irgend einem Körper hinzukommt. Diefe Stoffe bezeichnen nur die Intenfität, mit welcher die Linie fich in fich zurück bildet, und zwar defto ftärker, je intenfiver fie hervortreten. Man mufs daher behaupten, dafs weder Kohlenftoff noch Stickftoff fo deutlich in Extremen hervortreten kann, wie Sauerftoff und Wafferftoff, weil nämlich die relativen Trennungen diefer Polarität nothwendig mit einer gröfsern oder geringern Abweichung verbunden feyn müffen: und Kohlenftoff und Stickftoff werden nie vollkommene Gegenftände des Experiments feyn.

Die naturwiffenfchaftliche Beobachtung hat als ihr Schema die feyende Linie; das Schema des naturwiffenfchaftlichen Experiments ift die werdende Linie: jene unterwirft Alles dem Magnetismus; diefes erklärt Alles aus Elektricität. Nur wenn der Beobachter fowohl als der Experimentator die Relativität ihrer Gefichtspunkte erkennt, unterfuchen Beide im Sinne der Natur.

Je gröfser die Abweichung, defto geringer die relative Schwere. Da aber das nördliche Princip den beftimmten Pol der beftimmten Seite (das negative unter der Potenz der Schwere) ausdruckt, fo wird es auch (obgleich nie ohne Abweichung) das Maximum des relativen In-sich-seyns (der relativen Kohärenz) bezeichnen. Bei den übrigen Extremen wird mit ihrer Schwere zugleich die Kohäsion abnehmen. (Sauerstoff, Wasserstoff, Stickstoff sind Gasarten.)

Wie der Sauerstoff und Wasserstoff die Grade der Abweichung unter der Potenz der Schwere, so deuten die Farben die Grade der Abweichung unter der Potenz des Lichts an, so, daſs die rothe Seite des prismatischen Bildes die oxydable oder östlich abweichende, die violette Seite aber die desoxydable oder westlich abweichende Seite zeigt. Was unter der Potenz der Schwere auf der Erde überhaupt mit dem Minimum der Abweichung auftritt, zeigt seine Differenz vom Lichte durch die Reflexion als Glanz; was ein Maximum der Abweichung darstellt, zeigt seine Identität mit dem Licht durch die Durchsichtigkeit; die Farben oscilliren zwischen beide. Wo in der Oscillation die ostwestliche Linie momentan bis zu einem Maximum die Oberhand hat, da bricht das östliche Princip als Flamme unter der Potenz des Lichts, das westliche Princip als Wasser unter der Potenz der Schwere hervor, und der abweichende Körper fällt nach diesem Indifferenzirungsprozeſs mehr oder weniger unter das Schema der Linie zurück.

Das ost-westliche Princip herrscht vorzüglich in der Luft und im Wasser, die überhaupt das

Maximum der Abweichung darftellen, und daher auch den Keim aller Bildungen in fich enthalten; das nord-füdliche Princip herrfcht vorzüglich in der feften Erdmaffe, die überhaupt das Gebildete darftellt.

Kohärente Maffe = gebildete; flüffige = in Bildung begriffene.

Was das nördliche Princip für die fefte Erdmaffe, ift das Waffer für die flüffige; was das füdliche Princip für die fefte Erdmaffe, ift die Luft für die flüffige — nur umgekehrt, die indifferente Seite ift bei der flüffigen Maffe die kontrahirte Seite (das Waffer), die differente Seite die expandirte (die Luft).

Das füdliche Princip der Erde ift in feiner Freiheit ein urfprünglich weftlich abweichendes (von bafifcher Natur) als ein urfprünglich expandirtes, und als folches das paffive indifferente Element der Luft. Alle Aktivität in der Luft ift durch das Oft-Weft-Princip vermittelt, und alle Differenzen als Keime des Individualifirens in dynamifcher Verwirrung in einander verflochten.

Das nördliche Princip der Erde ift in feiner Freiheit ein urfprünglich öftlich abweichendes (von faurer Natur) als ein urfprünglich kontrahirtes, und als folches das paffive indifferente Element der Erde.

Alle Aktivität in der feften Erdmaffe ift durch das oft-weftliche Princip vermittelt, und alle Differenzen treten hier als Individualifirungsprozeffe bis zum Maximum der Individualität in dynamifcher Stufenfolge auseinander.

Die Indifferenz der feften Erdmaffe wird durch die edeln Metalle, als ruhende Keime und Wurzeln aller erwachenden Differenzen, repräfentirt. Die Indifferenz der Aktivität der Luft ift das Waffer, als das Refiduum ihrer Thätigkeit.

Das Waffer enthält den Keim aller Differenzen (als Abweichungen) in fich, die aber in ihm verfchloffen ruhen. Es bezeichnet die Aktivität des Lichts unter der Potenz der Schwere, fo wie die relativen Differenzen der feften Erdmaffe die Paffivität der Schwere unter der aktiven Potenz des Lichts.

Das Ueberhandnehmen der Differenz und der relativen Kohärenz des nördlichen Prinzips durch eine öftliche Abweichung bezeichnet den urfprünglichen phlogiftifchen Prozefs der Verbrennung.

Das Ueberhandnehmen der Indifferenz- und Kohärenzlofigkeit des füdlichen Princips durch eine weftliche Abweichung, bezeichnet den antiphlogiftifchen Prozefs des Schmelzens.

Das Verbrennen ift urfprünglich nordöftlich, das Schmelzen urfprünglich füdweftlich.

Luft und Erde werden (als Stickftoff und Kohlenftoff) ewig auseinander gehalten; das Waffer ift die getrennte Indifferenz. Die eine Hälfte der Erde zeigt ihre füdliche Richtung durch das Hervortreten des indifferenten Durchgangspunktes.

Wenn man eine Diagonallinie von Nord-Oft nach Süd-Weft auf unferer Erdkugel fo zieht, dafs der Orient den relativ ruhenden öftlichen Punkt bezeichnet, fo nimmt das fefte Land in geradem Verhältniffe mit der Entfernung von diefer Linie gegen einen nord-öftlichen, das Waffer gegen einen füd-weftlichen Punkt zu.

Die nördliche Hälfte unferer Erdkugel hat eine nord-öftliche, die füdliche Hälfte eine füd-weftliche Abweichung.

Die magnetifche Linie felbft kann nicht abweichen; was auf unferer Erde den magnetifchen Meridian bezeichnet, wird alfo durch eine fcheinbare weftliche Abweichung die wahre öftliche, durch eine fcheinbare öftliche Abweichung die wahre weftliche zeigen. Da aber der öftliche Punkt freilich in gröfsern Epochen ruht, in kleinern aber beweglich ift, da aufserdem die öftliche Abweichung der nördlichen, und die weftliche Abweichung der füdlichen Hälfte der Erde mit der entgegengefetzten (oscillirend) abwechfelt, fo entfteht daraus eine fcheinbare Verwirrung fowohl in Rückficht auf den Ort, wo die Abweichung beobachtet wird, als in Rücksicht der Epochen der Abweichung, welche aber in einem höhern Gesetze verschwindet.

Die östliche Abweichung des Kohlenstoffs ist mit seinem Freiwerden Eins, und nichts als die Manifestation seiner ursprünglich negativen (subjektiven) Natur. Die westliche Abweichung des Stickstoffs ist mit seinem Freiwerden Eins, und offenbart seine ursprüngliche positive (objektive) Natur. Aber alle Differenz ist nur eine relative; und die ursprüngliche Tendenz der Materie in der Einheit zu seyn, zwingt das Expansive, sich zu kontrahiren, das Kontrahirte, sich zu expandiren, und bringt, da der Gegensatz des Werdens und Seyns ein unendlicher ist, jene Bewegungen hervor, vermöge welcher Alles in Allem verschlungen, eine jede relative Differenz seine entgegengesetzte sucht, und nie vollkommen findet. Mit der östlichen Abweichung der nördlichen Halbkugel ist daher zugleich die entgegengesetzte gesetzt, mit der westlichen Abweichung der südlichen Halbkugel ebenfalls. Der expandirte Stickstoff wird sich kontrahiren, d. h. östlich abweichen; der kontrahirte Kohlenstoff wird sich expandiren, d. h. westlich abweichen.

Diese Oscillation, die in unendlich grofsen Epochen, aber auch in den kleinsten Momenten stattfindet, offenbart sich im seyenden Produkte als eine relative Differenz mit unendlichen Graden der

Intenſität oder Abweichung im Ganzen, aber auch im unendlich Kleinen. Da durch das ſüd-weſtliche Princip die relative Einheit, durch das nord-öſtliche Princip die relative Differenz, aber ſelbſt in einem Differenz-Verhältniſs, gegen einander hervortreten, ſo wird die entgegengeſetzte Oscillation als eine Tendenz, das ſüdliche Princip zu differenziren, das nördliche aber zu indifferenziren, erſcheinen; und da ein jedes einzelne Ding, in ſo fern es mit dem Schein einer ſpecifiken Eigenthümlichkeit hervortritt, eine relative Differenz iſt, die die ganze Quadruplicität in ſich enthält, nur ſo, daſs die Richtung und Intenſität der Abweichung die eigenthümliche Potenz bezeichnet, ſo wird es die entgegengeſetzte Differenz hervorrufen, und ſich zu indifferenziren ſuchen.

Indifferenzirungsprozeſs = chemiſcher Prozeſs.

Bei einem jeden chemiſchen Prozeſs iſt die ganze Quadruplicität thätig. Die Differenz zweier ſich indifferenzirender Körper ſtellt die Grade ihrer gegenſeitigen Abweichung vor, oder die Intenſität des oſt-weſtlichen Prinzips; der Indifferenzirungsakt ſelbſt iſt ein Kohärenzakt, durch welchen das Expandirte ſich kontrahirt, und umgekehrt.

Bei einer jeden chemiſchen Aktion entſteht entweder eine Indifferenzirung der heterogenen Körper, als Repräſentanten der getrennten magnetischen Pole (Neutralisation), oder eine relativ grösere Differenz; und die Indifferenzirung ist dann unter der Potenz der Elektricität (Verbrennungs- und Schmelzungsprozess).

Ein jeder chemischer Prozess ist magnetisch und elektrisch zugleich, und die Indifferenzirung unter dem hervortretenden Schema des Magnetismus oder der Elektricität immer nur eine relative.

Bei einem jeden chemischen Prozess ist die ganze Quadruplicität der Weltgegenden thätig, nur so, dass der Verbrennungsprozess eine grössere östliche, der Schmelzungsprozess eine grössere westliche Abweichung, der Reduktionsprozess aber ein relatives Zurückkehren zur Linie bezeichnet.

Da die Intensität der Entgegensetzung in der Linie sowohl, als die Intensität der westlichen und östlichen Abweichung von der Linie, unendlich mannichfaltig den Graden nach seyn muss; da ferner die Ost- und Westpunkte, obgleich in grössern Epochen, scheinbar ruhend, doch in kleinern, in einem Kreise sich bewegen; so entstehen dadurch bewegliche Abweichungssegmente. Durch diese aber erhält selbst die bewegliche Ost- und Westlinie ein polarisches Verhältniss, und es ist in dieser relativen Entgegensetzung gleichgültig, ob man das nördliche und südliche Prinzip einer östlichen und westlichen, oder das öftliche und weftliche Princip einer füdlichen und nördlichen Abweichung zufchreibt. (In der Aftronomie wird diefes Abweichungsverhältnifs des beweglichen Kreifes durch die Schiefe der Ekliptik bezeichnet.) Durch diefes relative Verhältnifs der werdenden Linie zur feyenden ift ein jeder feyender Punkt der Erde zugleich ein werdender, und was als eine Differenz gefetzt ift, in irgend einer Zukunft, zugleich als eine entgegengefetzte, und fo eine Oscillation nach allen vier Weltgegenden, und eine relativ wechfelnde Intenfität der Abweichung an einem jeden Orte, wie im Ganzen, in den kleinften oscillirenden Momenten, wie in den gröfsten Epochen, gefetzt. Hierauf beruht die unendliche Mannichfaltigkeit der nie ruhenden chemifchen Aktion, die, indem fie wechfelfeitige Entgegenfetzung hervorruft und vertilgt, Alles in Allem verfchlingt, alle Oscillationen in einen jeden Moment, und alle Potenzen in eine jede Differenz zu fetzen fucht, und fo aus einer fcheinbaren dynamifchen chaotifchen Verwirrung das individuelle in fich beftehende Leben keimen läfst.

Was für die Zeit die Quadruplicität der gröfsern und kleinern Epochen, und für den Raum die vier Weltgegenden find, das find für die Beobachtung die Elemente (Feuer, Waffer, Luft und Erde), und für das Experiment die vier Stoffe (Sauerftoff, Wafferftoff, Stickftoff und Kohlenftoff). Die nord-füdlichen Gegenfätze des Experiments find nothwendig in ihrer Relativität wiederum relativ, und tragen das Gepräge des Orts, wo das Experiment angestellt wird. So ist der nordsüdliche Gegensatz der experimentalen Physik ein Gegensatz der nördlichen Halbkugel, und der südliche Gegensatz fällt (wie unser Mittag) nicht gegen den wahren Südpunkt, sondern gegen den Aequator.

Ein jeder chemischer Prozess bildet ein eigenthümliches individuelles Leben (eine momentane Identität der Schwere und des Lichts); weil aber der Prozess nur momentan ist, und mit relativen Differenzen endigt, so erscheint die ganze Erdkugel, in so fern sie chemisch angesehen wird, als ein relativ Differentes, in welchem die Keime der Individualität momentan hervorstreben, aber immer wieder ins Ganze zurücksinken.

Chemischer Prozess = Tendenz zur Assimilation; denn Assimilation ist das Bestreben, Differenzen in eine bestimmte Potenz aufzunehmen.

Permanente Assimilation = individuelles Leben = isolirte Organisation.

In der ganzen Natur, in so fern sie ein relativ Differentes ist, herrscht durchgängig das Bestreben, in Eine Potenz alle Potenzen aufzunehmen. Gelänge ihr dieses absolut, so wäre nur die eine Potenz der Identität, aber keine Natur. In der anorgischen

Natur ist freilich auch Alles in Allem, aber nur als Möglichkeit für eine Zukunft, durch die relative Trennung des Werdens und Seyns gesetzt, nicht als eine Wirklichkeit für den gegenwärtigen Moment, als eine Identität des Werdens und des Seyns. Kann nun dieses individuelle Leben in der Natur, in so fern sie ein relativ Differentes ist, nicht absolut, sondern nur relativ hervorgerufen werden, so müssen auch verschiedene Grade der Intensität der Assimilation, oder, welches dasselbe ist, der Individualität, stattfinden.

Grade der Intensität der Assimilation = Stufenfolge der Organisation.

Assimilation ist Identität des Werdens und des Seyns; aber da die Intensität der Assimilation den Graden nach verschieden ist, so ist die Identität doch nur eine relative, so wie umgekehrt die Differenz des Seyns und des Werdens in der anorgischen Natur eine relative war.

Relative Identität des Seyns und des Werdens = organische Funktion.

Die Potenz der Schwere äussert sich als Kraft, die des Lichts als Aktivität; — Identität von Aktivität und Kraft ist Wirksamkeit. Eine jede organische Funktion äussert sich durch Wirksamkeit. Ferner der Gegensatz von Aktivität und Kraft ist gleich dem Gegensatze von subjektiv und objektiv, und da dieser Gegensatz in der individuellen Funktion eine innere und keine äufsere ist, so ist die Wirksamkeit der Funktion nach innen, aber nicht nach aufsen. In der anorgischen Natur, wo die Aktivität im relativen Gegensatz gegen die Kräfte trat, jene als die Identität, diese als Differenzen, entsprang das Produkt der Wirksamkeit, die man als eine Wirksamkeit der Totalität der Erde ansehen müfste, aus einem zum Theil innern, zum Theil äufsern, also wechselseitigen, Verhältnisse, und ward neutralisirt. In den isolirten Organisationen geht hingegen alle Thätigkeit nach innen; eine jede individuelle Organisation trennt sich von der ganzen äufsern Welt, um in sich eine eigene Welt zu bilden. Da aber eine jede Organisation nur eine relative Identität der Schwere und des Lichts bildet, so bildet sie auch eine Sphäre der Wirklichkeit und Möglichkeit aufser sich, im Gegensatz gegen eine relative Sphäre der Identität des möglichen und wirklichen in ihr, und mit dieser wird eine nothwendige Einwirkung der äufsern Welt auf die Organisation gesetzt. Aber alles Aeufsere ist nur für sie, in so fern sie ein Inneres ist, und alle Kraft äufsert ihre Wirksamkeit nur mittelbar durch die eigene Thätigkeit der Organisation.

Eine jede Funktion ist Assimilation; aber diese wäre ohne den Gegensatz eines zu assimilirenden nicht möglich. Eine jede isolirte Organisation bildet gleichsam einen eigenen Centralpunkt, in welchem eine gröſsere oder geringere Sphäre relativer Differenzen den Charakter einer eigenthümlichen Potenz annimmt.

Das relative Verhältniſs der isolirten Organisation gegen die äuſsere Welt druckt ſich durch Erregbarkeit aus, welche aber hier nicht blos als ein Zwang entgegengeſetzter Kräfte, ſondern als ein eigenthümliches Vermögen erſcheint. Alle Einwirkung auf die Organiſation iſt durch die Erregbarkeit vermittelt.

Die anorgiſche Natur *iſt* nur im Gegenſatz gegen die organiſche Natur, „als das allgemeine Saamen„korn, aus welchem Alles hervorgeht."

Die Wärme (als ſpecifike Wärme) bezeichnet die individuelle Indifferenz der Schwere und des Lichts. Die individuelle Identität der Schwere und des Lichts wird durch die Seele bezeichnet. Bei einem jeden chemiſchen Prozeſs entſteht nothwendig Temperaturveränderung, weil während der chemiſchen Aktion die differenten Körper einen eigenen individuellen Kreis bilden, der durch eine eigenthümliche Temperatur (als die Indifferenz der im thätigen Gegenſatz begriffenen Differenzen) bezeichnet wird.

So wie der chemiſche Prozeſs nie etwas anders auszudrucken vermag, als die relative Identität der ganzen Erde, so wird dahingegen ursprünglich die relative Differenz der Erde durch die Organisation fixirt, und als solche zur Idee gehoben; denn da die Organisation doch nur relative Intensitäten der Assimilation ausdruckt, so müſste die Relativität durch ein Ueberwiegen der Potenz der Schwere auf der einen, und durch ein Ueberwiegen der Potenz des Lichts auf der andern Seite bezeichnet werden. Dieser Gegensatz wird durch Animalisation und Vegetation ursprünglich repräsentirt.

Ein anorgischer Körper ist nach aussen different, nach innen indifferent. Ein organischer Körper ist umgekehrt nach innen different, nach aussen indifferent. Aber indem ein anorgischer Körper durch seine Differenz immer nach einer äussern hinzeigt und blos in dieser und durch diese, diese aber wieder in einer dritten und durch diese dritte existirt, und so fort ins Unendliche, so beweist ein solcher Körper dadurch seine eigene Nichtrealität, und druckt in sich selbst nicht seine eigene, sondern eine fremde Totalität aus. Eine jede einzelne Organisation hingegen bezeichnet die Eigenthümlichkeit einer eignen Sphäre der Totalität. Da aber diese Totalität doch nur eine relative ist, so wird die relative Differenz, durch die Stufenfolge der Organisationen, selbst realisirt und in die Potenz der Idee gehoben.

4.

In der anorgischen Natur findet eine relative Trennung des Subjektiven und Objektiven statt; aber eben daher auch ein wechselseitiges Bestimmen des Subjektiven durch das Objektive, und umgekehrt; die Duplicität des Werdens erscheint daher, in so fern sie unter der Potenz des Lichts sich offenbart, und in dem allgemeinen Konflikte der Produktion verschlungen ist, nicht selbst als Aktivität, sondern als Kraft, und das gegenseitige Bestimmen, welches mit der relativen Trennung eins ist, zeigt uns die unendliche Reihe einer Bestimmung des Einen durch das Andere, oder die Kausalitätsreihe, in welcher Alles durch ein Anderes und ein Drittes bestimmend, also nicht mit Selbstbestimmung erscheint; aber schon hieraus ist die Nichtrealität einer anorgischen Natur, als einer solchen, einleuchtend. Nun ist aber die Natur ihrem Wesen nach die ganze Identität unter der Potenz des Objektiven. In ihr muss also das Subjektive selbst als solches, als Aktivität also, objektiv werden; dieses ist aber nur durch eine relative Identität des Subjektiven und Objektiven, des ursprünglich Freien und Nothwendigen, in welcher die relative Trennung einer Selbstbestimmung unterliegt, möglich. Was wir also als eine relative Entgegensetzung des Lichts und der Schwere in den Stufenfolgen der Organisation erblicken, doch ſo, daſs unter jeder relativen Potenz eine Identität der Schwere und des Lichts als eine eigenthümliche Organiſation erſcheint, iſt nichts anders, als das allmählig Objektivwerden des Subjektiven (des Lichts), als Aktivität. Daher erſcheint die Schwere hier als das relativ Einſchränkende, Beſondere, Subjektive; das Licht als das Allgemeine, Aktive; aber eben daher in der eigentlichen Organiſation weder die Eine noch das Andere für ſich, ſondern ihre Identität unter der Potenz der Selbſtbeſtimmung.

In der Aſſimilation, welche eine bloſse Reproduktion der organiſchen Maſſen iſt, erblicken wir die Identität des Lichts und der Schwere unter der Potenz der Schwere, alſo die ſubjektiveſte Seite der Organiſation. In der Aſſimilation, die über die organiſche Maſſe herausgeht, und in immer gröſsern und gröſsern Sphären der äuſsern Welt das Gepräge eines eigenthümlichen Lebens aufdringt, erblicken wir die Identität des Lichts und der Schwere unter der Potenz des Lichts, alſo die objektiveſte Seite der Organiſation. Jene iſt die Vegetation, dieſe die Animaliſation.

Wie in der ganzen Entgegenſetzung der Organiſation, ſo muſs auch, in einer jeden Potenz derſelben, der relative Gegenſatz des Objektiven und Subjektiven ſich wiederholen; denn da die Identität des Lichts und der Schwere in keiner Potenz eine abfolute, fondern nur eine relative ift, fo mufs diefe Relativität fich durch eine wechfelfeitige Trennung offenbaren; da aber hier eben fowohl wie im Ganzen, die Identität der Schwere und des Lichts in beiden Potenzen erfcheinen mufs, fo wird der Gegenfatz durch zwei in der Trennung vereinigte Organifationen repräfentirt. Das männliche Gefchlecht ftellt in einer jeden Potenz die objektive, das weibliche die fubjektive Seite dar.

Kein relativer Gegenfatz ift ein realer, und dem Wefen nach ift eine jede Sphäre der Organifation ein Reflex der abfoluten Identität unter der beftimmten Potenz. Die Vereinigung der Gefchlechter, durch die Zeugung, ift der Verfuch, die relative Trennung aufzuheben; da aber das Produkt nothwendig felbft ein relatives (männliches oder weibliches) feyn mufs, fo wird die Vereinigung ins Unendliche gefetzt. Da nämlich das Produkt feinen Gegenfatz fucht, durch die Zeugung ein neues relatives Produkt hervorgebracht wird, und fo fort ins Unendliche, fo bildet eine jede Potenz der Affimilation (eine jede Sphäre der Organifation) einen innerhalb feiner Gränze unendlichen Kreis von einer unbeftimmbaren Anzahl einzelner Gefchöpfe. Das Reelle und Individuelle diefer Sphäre ift nun nicht irgend ein einzelnes Gefchöpf, fondern die ganze Sphäre felbft, als die Identität des Endlichen und Unendlichen in ihr. Die einzelnen Gefchöpfe, in fo fern fie einzeln und relativ find, gehören einer fremden Totalität, in welche sie aufgenommen werden, das heisst, sie sterben; dieselben aber, in so fern sie eine bestimmte Potenz der Assimilation ausdrucken, treten in einer ewigen zeitlos gesetzten Sphäre, welche die Identität des Producirens und des Produkts in einer bestimmten Potenz ausdruckt, und die durch das Sterben des Einzelnen selbst auf keine Weise getrübt wird.

Eine jede Thier- und Pflanzengattung ist ewig und nicht durch die einzelnen Produkte, sondern durch die Identität der unbestimmbaren Anzahl aller Produkte, auch nicht durch die blos männlichen oder weiblichen Geschöpfe, sondern durch die Identität beider Geschlechter vollendet.

Pflanzen und Thiere bilden nicht eine Reihe, sondern sind sich relativ entgegengesetzt. Da die Aktivität auf der Seite der Pflanzen blos auf die Assimilation der Masse geht, bei den Thieren hingegen als solche allmählig frei hervortritt und sich durch die Willkühr (Bewegung, die durch das Thierische selbst vermittelt ist,) offenbart; so wird durch die Pflanze die blosse Massenorganisation und Generation objektiv, bei den Thieren werden beide, so wie sie die höhern Stufen des Individualisirens erreichen, der höher hervortretenden Aktivität subordinirt.

Die Pflanzen werfen ihre Eingeweide (die relativen Differenzen der körperlichen Assimilation) nach aufsen, die Indifferenz nach innen. So find, wie fchon Boerhawe bemerkt, die Wurzeln ihr Magen; die Blätter aber find ihre Lungen, und in den Blumen tritt die ganze Konftruktion der Generationstheile hervor; mit diefen ift aber zugleich der Gipfel des Individualifirens in der Vegetation gegeben.

Die Thiere werfen ihre Eingeweide nach innen, die Indifferenz nach aufsen, und je mehr fie fich individualifiren, defto gröfser wird die Sphäre der äufsern Welt, die in ihre Aktivität aufgenommen wird.

Die Identität der Schwere und des Lichts unter der Potenz der Schwere, (die Affimilation der organifchen Maffe) ift Reproduktionskraft; die Affimilation der Schwere und des Lichts unter der Potenz des Lichts, ift Senfibilität.

Generation ift Reproduktion, durch die relative Identität der Gefchlechtsdifferenz vermittelt.

Willkühr ift Bewegung, durch die hervortretende Senfibilität vermittelt; durch diefe nämlich, in fo fern fie als reine Aktivität fich äufsert und fich nicht in der blofsen Reproduktion der Maffe verliert.

In fo fern in der Organifation eine relative Differenz ftattfindet, wird fich auch eine relative Indifferenz offenbaren. Relative Indifferenz, in der Zeit angeschaut, = Oscillation. Der Repräsentant dieser relativen Indifferenz, (das Princip aller organischen Bewegungen also) ist Irritabilität; die Irritabilität, durch bloße Reproduktionskraft vermittelt, giebt unwillkührliche; die Irritabilität, durch hervortretende Sensibilität vermittelt, giebt willkührliche Oscillationen.

Oscillation = Wechsel von Expansion und Kontraktion.

Sensibilität, Irritabilität und Reproduktionskraft sind weder in Rücksicht der totalen Organisation, noch in Rücksicht der einzelnen Sphären des Organismus oder der einzelnen Geschöpfe dieser Sphäre reell; die Realitat ist die Identität aller.

In der Totalorganisation wird die eine hervortretende Seite, als das herrschende Subjektive, die Gewalt der Reproduktionskraft; die andere hervortretende Seite, als das herrschende Objektive, die Gewalt der herrschenden Sensibilität, ein eigener Kreis des Individualisirens, zwischen beide oscillirend, die Gewalt der herrschenden Irritabilität zeigen.

Die Pflanzen zeigen uns das Reich der herrschenden Reproduktionskraft; die Würmer und Insekten das sich fortbildende Reich der herrschenden Irritabilität; die Fische, Amphibien, Vögel und Säugthiere das sich immer mehr und mehr individualisirende Reich der hervortretenden Sensibilität.

Da der Gegensatz von Thier und Pflanze den Gegensatz des relativen Totalorganismus angiebt, so werden zwischen beide die ersten Versuche der anorgischen Natur zum Organisiren fallen. Diese sind durch die niedrigsten Thier- und Pflanzenstufen (durch Infusionsthiere und Polypen auf der einen Seite, und durch Klavarien, Pizizen, Agarici, u. s. w.) auf der andern Seite angedeutet; in beiden ist blos die Assimilation der Massen, als Reproduktionskraft, das herrschende, die höhere Potenz dieser Kraft aber (die Generation) bildet sich erst in entgegengesetzten Reihen, in den Pflanzen- und Thierstufen, immer mehr und mehr aus: in jenen unter der Potenz des Subjektiven oder Weiblichen, in diesen unter der Potenz des Objektiven oder Männlichen.

Wie sich auf beiden Seiten in entgegengesetzter Richtung die Pflanzen und Thiere ausbilden, so wird der relative Gegensatz vom Subjektiven und Objektiven, oder die Geschlechtsdifferenz, in beiden immer intensiver (obgleich unter entgegengesetzten Potenzen) hervortreten. Da bei den Pflanzen die Generation den höchsten Grad des Individualisirens ausdruckt, so wird bei ihnen, mit diesem, auch die höchſte Ausbildung der Generationstheile ſtattfinden. Auch das Männliche entwickelt ſich verhältniſsmäſsig, aber dem Weiblichen ſubordinirt. Da auf der Seite der Thiere die ſich fortbildenden Stufen das gröſsere Hervortreten der Senſibilität als die objektiv gewordene reine Aktivität darſtellen, ſo wird hier mit den höhern Stufen auch eine deutlichere Trennung des Weiblichen und Männlichen ſtattfinden, nur ſo, daſs im Ganzen, beim fortſchreitenden Individualiſiren, das Subjektive dem Objektiven ſubordinirt ſeyn wird.

Die obſolete Produktion der niedern Stufen zeigt die geringere Intenſität des Individualiſirens an: daher die Einfachheit ihrer Funktionen, die unvollſtändige Trennung des Feſten vom Flüſſigen. — Denn dieſe Thiere beſtehen aus einer bloſsen, mehr oder weniger einfachen Gallerte, und der Abſatz des Anorgiſchen, welcher als ein Kalkgehäuſe von ihnen getrennt iſt, zeigt den Rückfall der Organiſationen zu ihrem erſten Urſprunge. In der anorgiſchen Natur nämlich iſt das Feſte von dem Flüſſigen immer getrennt, die vollſtändigſte Organiſation hingegen erſcheint vielmehr als die innigſte Vereinigung beider. — Daher ferner die undeutliche Trennung der einzelnen Thiere von einander, indem eine groſse Menge einzelner Geſchöpfe, wie bei den Korallen, als Spröſslinge aus einem gemeinſchaftlichen Stamme hervorwachſen, daher endlich die Schwierigkeit, ſelbſt die Arten dieſer

Thiere durch genaue ſpecifike Differenzen von einander zu unterſcheiden. Die willkührliche Bewegung, die bei den niedrigſten Stufen der Organiſation hervortritt, iſt freilich die erſte Aeuſserung der frei hervortretenden Aktivität, die aber hier bloſs auf die Ernährung geht, und ſo unmittelbar wieder in die bloſse Reproduktion der Maſſe zurückſinkt.

Sowohl bei den Pflanzen, wie bei den niedrigſten Thierſtufen, ſind alle drei Potenzen des Individualiſirens, nämlich Senſibilität, Irritabilität und Reproduktionskraft, nothwendig da, nur daſs die erſten Potenzen ſich bei den Pflanzen unmittelbar in der Reproduktionskraft verlieren, und für die äuſsere Anſchauung verſchwinden, bei dem Fortbilden der Animaliſation aber allmählich hervortreten.

Mit den höhern Stufen zeigt ſich, ſo wie die Geſchlechtsdifferenz deutlicher wird, zugleich das höhere Individualiſiren dadurch, daſs das Flüſſige und Feſte ſich in ihnen vereinigt, und eine innere Differenz der Funktionen beweiſst die gröſsere Mannichfaltgkeit der Differenzen, die in eine Potenz aufgenommen werden. Zugleich trennen ſich die einzelnen Geſchöpfe, und zeigen die erſten Spuren eines erwachenden individuellern Lebens; auch die eigenthümlichen Sphären der Organiſation, die Arten, bilden ſich beſtimmter in ihrem eigenen Kreiſe, und ſind genauer von einander zu unterſcheiden; ſo fallen bei den Konchylien die Kalkgehäuſe, die bei den Korallen vereinigt waren, auseinander, die Thiere leben für ſich, die Begattung wird deutlicher, die Struktur vielfältiger, die willkührlichen Bewegungen hervorſtechender.

Die relativen Differenzen, die durch die ganze Organiſation ſich zeigen,. finden ſich an einer jeden Sphäre der Organiſation nothwendig wieder, nur unter der beſtimmten Potenz der ſpecifiken Sphäre; und da die höhere Fortbildung der Animaliſation insbeſondere das immer objektiverwerden der Aktivität darſtellt, dieſe aber nur dadurch objektiv wird, daſs ſie immer mehr und mehr Differenzen in eine eigenthümliche Potenz aufnehmen; ſo müſſen dieſe Differenzen theils, wie ſchon erwähnt, durch die Mannichfaltigkeit der Funktionen im Raume, theils durch die ſtärker hervortretende Metamorphoſe in der Zeit, ſich darſtellen. Da aber zugleich das Individualiſiren ein Identifiſiren der Zeit und des Raums iſt, ſo wird auf die höhern Stufen dieſe Metamorphoſe immer von dem hervortretenden Individualiſiren zurückgedrängt werden, und immer mehr und mehr, blos als Oscillation der erſten Ausbildung erſcheinen.

Da die Aktivität in der Reihe der Animaliſationen nicht rein, ſondern nur relativ hervortritt, ſo muſs ſie, ſo wie ſie hervortritt, das Gepräge der Relativität tragen, und in ihr ſelbſt eine relative

Differenz, vermöge welcher ſie auf der einen Seite der Potenz der Schwere, auf der andern Seite der Potenz des Lichts näher tritt, ſich zeigen. Dieſe Differenz iſt mit der Differenz der Sinne gegeben.

Das Geſicht zeigt uns die hervortretende Potenz des Lichts; ja, durch dieſes wird das Licht erſt objektiv. Das Gehör iſt das Objektivwerden der relativen Gewalt des Lichts über die Maſſe oder der Oscillationen. Der Geruch und Geſchmack offenbart den Uebergang der reinen Oscillation zur Maſſe: jener unter der Potenz der Oscillation, dieſer unter der Potenz der Maſſe. Das Gefühl fällt mit den reinen Maſſenverhältniſſen zuſammen. Die Sinne ſind alſo mit dem Objektivwerden dieſer Verhältniſſe, in ſo fern ſie eine Aktivität ausdrucken, eins.

Wird blos auf die Relativität der Sinne reflektirt, ſo werden dieſe als relativ aktiv, das ihnen Entgegenſtehende als relativ paſſiv, auf der andern Seite aber dieſes Entgegenſtehende als eine erregende Potenz für die Sinne, alſo als relativ aktiv, die Sinne ſelbſt aber, als erregt durch jene Potenz, alſo als relativ paſſiv, erſcheinen müſſen, und hieraus entſteht jene Täuſchung einer Wechſelbeſtimmung der Aktivität und Paſſivität bei den Sinneneindrücken, für einen beſtimmten Standpunkt der Reflexion. Für die Anſchauung der Totalität verſchwindet dieſe Täuſchung ſchlechthin, und das Hervortreten der

Sinne ist eins mit dem Objektivwerden der Aktivität der Natur. Hierdurch wird diese, die in der anorgischen Natur sich nur unter der Potenz des Werdens entdeckt, selbst in die Potenz des Seyns aufgenommen, und dadurch tritt ein Gegensatz gegen ein höheres Werden hervor, welches mit den höhern Sphären der Organisation sich allmählich aufthut, und endlich in der Geschichte in seiner ganzen Unendlichkeit sich offenbart.

So wie mit dem Gegensatz der Schwere und des Lichts, durch das relative Hervortreten des letztern, die höhern Stufen der Individualität sich zeigen, so werden auch die Sinne, wie sie sich der Potenz des Lichts nähern, sich individueller in sich ausbilden. Daher jene bewundernswürdige Struktur der Sinnenorgane, die sich — von dem einfachsten Muskel, der dem Gefühle dient, und mit seiner einfachen Struktur das Minimum der Individualität durch das Verbreiten über den ganzen Körper darthut, bis zu den künstlichen, in sich vollendeten und geründeten Organen des Auges, sowohl in Rücksicht des immer engern Raums, welcher mit einer immer hervortretenden Intensität der Sinne als reine Aktivität in geradem Verhältnisse abnimmt, als in Rücksicht der mannichfaltigen Struktur, — mehr und mehr in sich hinein bilden.

So wie die individuellere Stufenfolge der Sinne hervortritt, wird die Duplicität der Organe zugleich immer deutlicher, die aber, da hier das höchste Individualisiren der Thätigkeit selbst stattfindet, nur unter der Potenz der Masse sich zeigt, unter der Potenz der Aktivität aber verschwindet. Wir sehen daher hier ganz das Entgegengesetzte von dem, was uns die erste Differenzäusserung der anorgischen Natur im Magnetismus zeigte, dort die Differenz in der Vereinigung, hier Identität in der Trennung.

Das Fortbilden der Thiere ist mit dem Fortbilden der Sinne eins.

Schon mit den ersten Aeusserungen der Animalisation zeigt sich der Sinn des Gefühls bei den Würmern, obgleich auf eine dunkle Art, als ein blosses Tasten. Bei den Insekten tritt er aber deutlicher hervor; aber hier ist auch das Individualisiren auffallend weiter gediehen, die Sensibilität deutlicher, die Funktionen mannichfaltiger, die abgesonderte Masse nicht ein blosses Kalkgehäuse, sondern ein eigenthümliches Horn von der Gewalt der Organisation bezwungen, artikulirt, obgleich nach aussen abgesetzt. Bei den Insekten verliert sich die Sensibilität nicht, wie bei den Pflanzen und zum Theil bei den Würmern, in die blosse Reproduktionskraft, sondern vielmehr, wie ihre grosse Muskelkraft darthut, n die zwischen beiden oscillirende Irritabilität. Ihre grössere Fortbildungsstufe zeigt sich auch dadurch, dass hier eine Metamorphose stattfindet, doch so, dass die Epochen dieser Metamorphose mit den Epochen des Lebens der Insekten (oder ihrem Wachsthum) eins sind; die letzte ist zugleich der Uebergang zum Tode. In dieser höhern Sphäre erhält die Assimilation eine höhere Bedeutung, indem eine assimilirte Masse, der Regelmäfsigkeit der anorgischen Natur (der Krystallisation) freilich unterworfen, einen neuen Körper bildet, zur Erhaltung der Gattung. Da diese Assimilation nicht durch die der Potenz der Kraft unterliegende Sensibilität vermittelt wird, sondern als die erste Aeufserung der freien Sensibilität anzusehen ist, so entdeckt sie sich als Trieb, und jene Assimilation ist der Kunsttrieb, durch welche die Sphäre der Potenz der Organisation, obgleich in die Masse sich verlierend, selbst über den Körper herausgeht.

Durch die Fische, Amphibien, Vögel und Säugthiere bildet sich die hervortretende Sensibilität als freie Aktivität zu einer höhern Stufe der Individualität aus: daher das Zerfallen dieser ganzen Sphäre in vier grofse von einander so merkwürdig getrennte Sphären; daher das Zunehmen der Mannichfaltigkeit der innern Funktionen, das Zurückdrängen der abgesetzten Masse nach dem Innern des Körpers, unvollständiger — nach Innen als Gräten, und nach Aufsen als Schuppen — bei den Fischen; vollständiger — als hohle Knochen nach Innen, und Federn nach Aufsen — bei den Vögeln; noch vollständiger — als markvolle Knochen nach Innen, und Haaren nach

Aufsen bei den Säugthieren; am vollständigsten bei den Menschen, wo das vollkommene Knochengebäude nach Innen, und die gröfste Nacktheit nach Aufsen die gröfste Trennung von der äufsern Natur und den gröfsten Grad des Individualisirens offenbart. Das Hervortreten der Sinne in diesen Klassen ist mit jeder Veränderung eins; denn wie das Gefühl der Sinn ist, der uns mit der Masse am meisten vereinigt, die höhern Sinne uns aber immer mehr und mehr von der Masse trennen, so sind auch die unter der Potenz des Gefühls stehenden Insekten noch immer dadurch, dafs die Aktivität sich in der Masse nach Aufsen verliert, mit dieser verbunden, und mit der allgemeinen Natur eins. Unter der Potenz immer höherer Sinne zeigt sich in den höhern Thierstufen eine Aktivität, die, *als solche*, eine fremde Masse in die Sphäre der Organisation hineinzieht, und ihr das Gepräge einer eigenthümlichen Gewalt aufdringt; dieses ist der Unterschied zwischen Instinkt und Kunsttrieb. Auch die Metamorphose zeigt die höhere Individualisirungsstufe an; sie ist bei den Fischen und Amphibien in die Kindheit zurückgedrängt, bei den Vögeln geschieht sie im Ei, bei den Säugthieren im Mutterleibe.

Der Gegensatz vom Objektiven zum Subjektiven, der sich zwischen Pflanze und Thier zeigt, wiederholt sich bei den Thieren so, dafs die Thiere unter der Potenz der Irritabilität die subjektive, die unter der Potenz der Sensibilität die objektive

Seite repräſentiren. Ferner bei den ſenſibeln Thieren ſo, daſs die Säugthiere die objektive, die Vögel aber die ſubjektive Seite darſtellen.

Eine jede organiſche Sphäre enthält die ganze Differenz der geſammten Organiſationen in ſich, nur unter einer bald engern, bald höhern Potenz.

Je höher die Ausbildungsſtufe, deſto deutlicher zeigt ſich die relative Differenz der ganzen Organiſation bei einem jeden Einzelnen. Mit der Menſchenorganiſation ſind zugleich die relativen Differenzen alles vegetativen und animaliſchen Lebens aufs deutlichſte geſetzt, nur unter der Potenz der höchſten Individualität. Der Menſch alſo iſt der Mittelpunkt aller Organiſationen, und alle einzelne Sphären der Organiſationen ſind als die *disiecta membra* der Menſchenorganiſation anzuſehen.

Wie ſich bei den Würmern vorzüglich die Ernährung, bei den Inſekten die Reſpiration, die Irritabilität und das Gefühl, bei den höhern Thieren die Sinne ausgebildet haben, ſo wiederhohlt ſich dieſe Stufenfolge bei einem jeden Thier — bei den höchſten am deutlichſten — ſo, daſs z. B. bei den Menſchen der Proceſs, der ſich bei den Würmern individualiſirt hat, als Ernährungsproceſs in einer höhern Individualität aufgenommen worden iſt; was bei den Inſekten ſich individualiſirt hat, durch das irritabele Syſtem des Menſchen in eine höhere Potenz eintritt; und wie nun dasjenige, was als Wurm eine eigene Sphäre bildet, im Menſchen nur Ernährungsorgan einer höhern Sphäre wird, das, was als Inſekt die Irritabilität individualiſirt, bloſses Organ der Reſpiration und Circulation wird, ſo zeigt der Kopf des Menſchen jene Stufen, die ſich mit den vier höhern Klaſſen fortgebildet haben. Auf dieſe Weiſe muſs die relative Totalorganiſation aller Thiere als Ein groſses Thier betrachtet werden, in welchem eine jede Funktion eine eigene Sphäre bildet, und ein eigenes Leben führt, ein jedes einzelne Thier aber als die koncentrirte Totalorganiſation unter einer beſtimmten Potenz, der Menſch als der Centralpunkt aller Organiſationen.

Die Willkühr, die ſich in den Bewegungen der Thiere zeigt, und ſich ſtärker äuſsert, je mehr ſich die Thiere fortbilden, iſt, als Willkühr, nur ſcheinbar, denn das Objektivwerden der Aktivität der Natur als eine ſolche, und zwar in dieſen beſtimmten Sphären und mit dieſer beſtimmten Intenſität, entſpringt aus der ewigen Nothwendigkeit des Weſens der Natur. Auch alle Handlungen der Thiere fallen mit dieſer Nothwendigkeit der Natur abſolut zuſammen; alle ihre Bewegungen, ſo wie alle Aeuſserungen der Kunſttriebe und des Inſtinkts ſind nichts als Ausdrücke der Geſetzmäſsigkeit der Natur in ihren Bildungen, und der Schein der Willkühr iſt ſelbſt nothwendig.

Ist die anorgische Natur nur relativ im Gegensatz gegen die Organisation, der Mensch aber der Mittelpunkt aller Organisationen; so muss mit ihm auch das Maximum des Objektivwerdens der Aktivität der Natur gegeben seyn. Aber objektiv wird die Aktivität nur dadurch, dass sie mit der Kraft identisch wird, oder dadurch, dass die Kraft selbst in die Potenz der Aktivität aufgenommen wird. Was wir durch die Stufenfolge der Organisation allmählig erwachen sehen, war nichts anders, als die blinde Kraft der Natur, die immer intensiver in die Potenz der Aktivität aufgenommen wurde; da aber die Sphären, innerhalb welcher die Potenz der Aktivität hervortrat, nur comparative, mit einem Gegensatz behaftete, waren, so behielten sie gegen sich eine Sphäre der Kraft, die, nicht von der Potenz bezwungen, ihr gegenüber trat und ein Gesetz der Wechselbestimmung zwischen beide setzte, vermöge welcher die Aktivität selbst doch nur eine fremde Gesetzmässigkeit und nicht ihre eigene ausdruckt. So lange die Sphäre der Aktivität eine relative bleibt, sei es in der Stufenfolge der Organisation der Natur, sei es in den Handlungen und Gesinnungen der Menschen, so lange wird nichts anders, als die Gesetzmässigkeit einer fremden Totalität ausgedruckt. Das Verhältniss ist ein organisches, aber für das Einzelne kein reelles. Nur wenn die Sphäre der Aktivität im Absoluten ist, offenbart sie sich als Freiheit, die aber dann auch keine Nothwendigkeit im Gegensatze gegen sich hat. Mit dieser Sphäre, die aber, eben weil sie die absolute ist, nie erscheinen kann, offenbart sich das Maximum der Individualität. Es eröffnet sich mit der Menschenorganisation, und wird angeschauet in der unwandelbaren Gesinnung und Anschauung, die keine fremde Gewalt über sich kennt, sondern, mit dem Göttlichen Eins, sich der ewigen Nothwendigkeit, nicht mit Hafs und Widerwillen, sondern mit ewiger Liebe hingiebt. Für diese Freiheit und in ihr wird auch erst der innere Sinn der Nothwendigkeit objektiv, und die Seligkeit der einzelnen Sphären der Organisationen, in so fern sie als Identität des Endlichen und Unendlichen gesetzt werden — das unbetrübte, unwandelbare und wahrhaft gesunde Leben dieser Sphäre — tritt nur in dieser höchsten Individualität hervor. Aufser ihr ist Alles Finsternifs und ein Kampf um Schatten. Der Vergänglichkeit hingegeben, von Allem verschlungen, vernichtet das Einzelne das Ganze, das Ganze das Einzelne, und in diesem Reiche der Widersprüche ist die ganze Fülle des Lebens ein ewiger Vernichtungskrieg ohne Feind und Waffen; für die höhere Anschauung hingegen, für welche dasjenige, was das Gepräge der Nothwendigkeit trägt, nichts als die Natur der Freiheit selbst offenbart, ist in einer jeden Sphäre das Ganze und alle Sphären sind in ewiger Harmonie wiederum das Ganze.

5.

Zwei Extreme der quantitativen Differenz ſind auf der Erde, als Zwiſchenſtufen des relativen Erkennens. Das Extrem der Univerſalität heiſst Maſſe, das Extrem der Individualität Seele. Wo beide abſolut ſind, faſſen ſie ihr Entgegengeſetztes ganz in ſich: da wird Maſſe Materie, und Seele Geiſt.

Ein jedes Erſcheinende hat eine doppelte Natur: eine, durch welche es als Maſſe in der Materie, eine, durch welche es als Seele im Geiſte iſt.

Seele und Maſſe ſind nothwendig getrennt (auseinandergehalten), und nur durch die abſolute Trennung — in der Materie und im Geiſte — ewig vereinigt.

Die ewige Materie in der Maſſe iſt die Schwere; der ewige Geiſt in der Seele iſt die Vernunft, als Centrum des Lichts und der Aktivität

Was die Sonnennähe für den Umlauf des Planeten iſt, iſt die Organiſation auf der Erde; was die Sonnenferne für den Umlauf iſt, iſt die anorgiſche Natur für die Erde. Das Maximum dieſer Sonnennähe iſt das Bewuſstſeyn; für dieſes erſcheint daher die anorgiſche Natur, als wenn das Allgemeine und Beſondere in ihr in kleinen Momenten getrennt wäre. Hiermit verhält es ſich nun folgendermaſsen: je intenſiver die Organiſation, deſto ſtärker tritt die Kreisform, d. h. das lebendige organiſche Ineinanderſeyn des Allgemeinen und Beſondern, hervor; je anorgiſcher das Ding, deſto gröſser iſt die Zeit, in welcher ſeine Kreisform ſich offenbart, und zwar tritt das Verhältniſs ſtufenweiſe hervor. Je individueller die Organiſation, deſto inniger die Verbindung des Allgemeinen und Beſondern in ihr; je näher dem Anorgiſchen, deſto mehr iſt das Beſondere in ihr von dem Allgemeinen dem Scheine nach getrennt, d. h. deſto mehr wird die Identität beider durch gröſsere Zeitmomente dargeſtellt. Am meiſten anorgiſch ſind diejenigen Dinge, bei welchen in endlichen Momenten das Allgemeine und Beſondere (das Bewegliche und Ruhende, das Feſte und Flüſſige) völlig getrennt erſcheint, und wo daher das lebendige Ineinanderſeyn beider nur durch eine unendliche Zeit vermittelt wird. Aber der wahre Umlauf der Dinge, das An-ſich ihrer Bewegungen und ihres Seyns, verhält ſich nicht wie dieſe Differenz, ſondern wie die ganzen Räume.

Das Starreſte der Erde — ihre feſte Maſſe — iſt das Bild der unendlichen Vergangenheit. Es iſt eben ſo ungereimt, die vergangenen Epochen der Erdbildung durch Jahrszahlen beſtimmen zu wollen, wie die Sterne zu zählen. Eine unendliche Tiefe der Vergangenheit thut ſich hier auf: daher in ihr die Offenbarung zwangvoller Ruhe.

Das Flüſſigſte der Erde — die Luft — iſt das Bild der unendlichen Zukunft. In ihr liegt die unendliche Möglichkeit, wie in der feſten Erdmaſſe die unendliche Wirklichkeit: daher in ihr die Offenbarung der willkührlichſten Beweglichkeit.

Das Univerſum (Makrokosmos) iſt das Bild der ewigen Gegenwart der Materie: daher durch daſſelbe die Offenbarung der vernünftigen Nothwendigkeit.

Die Menſchenorganiſation (Mikrokosmos) iſt das Bild der ewigen Gegenwart des Geiſtes: daher durch ſie die Offenbarung der vernünftigen Freiheit.

6.

Die Metalle ſind das Bild der reinſten Maſſe, d. h. der intenſivſten Annäherung zur Materie für die Erſcheinung. Die abſolute Kohärenz giebt die Intenſität des Seyns des Einzelnen im Ganzen, und umgekehrt, die ſpecifiſche Schwere die Approximation zur Materie.

Inſofern die Planeten Differenzen der Kohärenz und der Schwere darſtellen, ſind ſie individuelle Metalle: die Metalle alſo Annäherungen zur planetariſchen Form, unter der beſtimmten Potenz und Zwang einer individuellen Planetenbildung.

In einem jeden Planeten iſt die Differenz der Kohärenz und Schwere aufgehoben, in einem jeden Metall durch die Organiſation des Planeten ebenfalls.

Die ſchwerſten Metalle zeigen das Uebergewicht des Indifferenten, die kohärenteſten das Uebergewicht des Differenten, doch jenes noch im Differenten, dieſes im Indifferenten. Daher der Schein eines umgekehrten Verhältniſſes der Kohärenz und Schwere bei den Metallen.

Die Schwere iſt bei den Metallen das eigentlich Gediegene. Je edler die Metalle, deſto mehr verſchwinden alle Relationen in dieſem identiſchen Punkt.

Die Metalle bezeichnen diejenige unendlich entfernte Epoche, in welcher die Schwere und das Licht am meiſten getrennt waren.

Der Kern der Erde iſt metalliſch.

Die Differenz der Metalle iſt der ihnen eingeborne bewegliche Gegenſatz; es iſt die Oſt-Weſt-Polarität, nur von dem ruhigen Seyn der Schwere bezwungen, und in einen ſtarren Gegenſatz verwandelt.

Die edeln Metalle enthalten die ganze Quadruplicität in ſich. Platina iſt die gröſste Annäherung zur nördlichen, Gold zur öſtlichen, Silber zur weſtlichen, Queckſilber zur ſüdlichen Abweichung, nur daſs der identiſche Punkt, in welchen alle Relationen verſchwinden, in einem jeden energiſcher als in irgend einem andern Dinge hervortritt; daher zeigen ſich die entgegengeſetzteſten Qualitäten, ſtarke Kohärenz, Kohäſionsloſigkeit, Dehnbarkeit, ganz dicht neben einander.

Das öſtliche Princip, durch den ſtarren Gegenſatz bezwungen, erſcheint als das nördliche, das weſtliche als das ſüdliche, doch ſo, daſs der gediegene, an ſich metalliſche Punkt nirgends völlig verschwindet, einen jeden Theil der Masse mit dem Ganzen qualitativ verbindet, — desto energischer, je näher das differenzirte Metall dem edeln Mittelpunkte ist, — und die metallische Verbindung mit den übrigen befördert.

Die kohärente Metallreihe (Nickel, Kupfer, Eisen, Kobald, Uranium, Titanium, Braunstein, Wolfram, Molybdän, Chromium, und das Extrem der Reihe: Diamant) ist die hervortretende nördliche, die nicht-kohärente Reihe (Queckfilber, Blei, Zinn, Zink, Wismuth, Tellurium, Spiessglanz, Arsenik, und die Extreme: Phosphor und Schwefel) die hervortretende südliche, jene das Bild des allmählig sich darstellenden Besondern in der Trennung, diese das Bild des allmählig sich zeigenden Allgemeinen.

Da in der kohärenten Reihe die Differenz aus der Einheit der metallischen Masse erzeugt wird, so zeigt sich hier, im Uebergange aus dem Indifferenten zum Differenten, der im Einzelnen fixirte Gegensatz der ganzen Metallreihe, d. h. die magnetischen Metalle, die daher nothwendig nördlich sind.

Die nördliche und südliche Hälfte der Erde sind magnetisch verschieden, und diese magnetische Polarität, ist das Unveränderliche an ihr; Alles bewegt sich durch Abweichung von dieser Linie in grössern oder geringern Zeitmomenten.

Die kohärente Reihe ist ursprünglich oxydirt, die nicht-kohärente ursprünglich hydrogenisirt; nur erscheint diese Oxydation und Hydrogenisation nicht als eine solche, weil die starre Linie nur in unendlich grossen Momenten als beweglich erscheint.

Magnetismus ist Verwandlung des Sauerstoffs und Wasserstoffs in Kohlenstoff und Stickstoff.

Die ursprüngliche Oxydation der nördlichen, und Hydrogenisation der südlichen Metallreihe ist mit der Erzeugung des starren Gegensatzes der Erde Eins, und muss von der beweglichern Oxydation in kleinern Zeitmomenten unterschieden werden. So ist der Diamant das oxydirteste Extrem der kohärentesten Reihe, und der gediegenste Kohlenstoff — der Phosphor das desoxydirteste Extrem der nicht-kohärenten Reihe und der gediegenste Stickstoff — zugleich. Es ist daher keine Reduktion dieser ursprünglichen Metall-Metamorphose möglich, so wenig wie ein Uebergang aus einer wahren Thiergattung in eine andere; denn sie werden durch die in unendlich weite Zeitmomente entfernten Bildungsprozesse der ganzen Erde auseinandergehalten.

Die edeln Metalle bilden eine innere Ellipse (gleichsam die erste gediegene Entfaltung der Erde). Eine grössere der absoluten Kohärenz umschliesst diese. Ihre Apsidenpunkte sind das Maximum der absoluten Kohärenz auf der kohärenten Seite — (die magnetifchen Metalle,) und daffelbe auf der nicht-kohärenten — Zinn, Zink. Die Apfidenpunkte der gröfsten metallifchen Ellipfe werden durch das Maximum der relativen Kohärenz gebildet — (Härte und Feuerbeftändigkeit auf der nördlichen Seite) — durch das Maximum der Kohäfionslofigkeit — (Sprödigkeit und Flüchtigkeit auf der füdlichen.) — So werden durch den gröfsten Gegenfatz im gediegenen Kern (Platina und Queckfilber), durch Annäherung zum Gleichartigen im Gegenfatze der abfoluten Kohärenz (Zunahme der Kohärenz auch auf der nicht-kohärenten Seite), und endlich durch allmähliches Hervortreten des Allgemeinen und Befondern in der Trennung, die drei Hauptdurchgangspunkte in der Bildungsgefchichte des metallifchen Kerns bezeichnet.

Metalle ziehen fich gegenfeitig defto ftärker magnetifch an (bilden felbft Magnete) je gröfser ihr Gegenfatz ift; fie verbinden fich hingegen leichter, je geringer ihr Gegenfatz ift.

Der fcheinbare Nordpol der Magnetnadel ift der wahre Südpol, vom Nordpol der Erde angezogen, und der fcheinbare Südpol der wahre Nordpol, von dem Nordpol der Erde abgeftofsen. Von der füdlichen Hälfte der Erde gilt das Nämliche, nur umgekehrt.

Da die ganze Metallreihe = ein Magnet ift, fo können Metalle aus der nicht-kohärenten Reihe mit den kohärenten Magnete bilden, defto intenfiver, je entgegengefetzter fich die Metalle find; der nicht-kohärente Pol wird, wie der wahrhaft füdliche der Nadel, vom Nordpol der Erde angezogen, der kohärentere abgeftofsen.

Alle Metalle bilden eine eigene Welt der herrfchenden Maffe (ihre Seele die Materie), die, in fich gefchloffen, die Univerfalität der Schwere um fo reiner repräfentiren, je edler fie find. Daher werfen fie die Lichtftrahlen zurück, leiten die Electricität und Wärme, reduciren fich felbft aus allen Verbindungen, wenn fie der innern Ellipfe angehörig find, behalten aber den innern gediegenen metallifchen Kern in allen Metamorphofen, felbft wenn fie den äufserften Extremen der Reihen angehören.

Alles, was fich mit Metall metallifch verbindet, wie Kohle und Diamant mit Eifen, Phosphor und Schwefel mit vielen Metallen, ift felbft metallifch.

Der nord-füdliche Gegenfatz der Metalle zeigt fich in der Struktur der entgegengefetzten Reihen. Die füdlichen Metalle zeigen, fo wie die abfolute Kohärenz verfchwindet, ihre hervorftrebende Pofitivität durch einen ftrahlichen, die nördlichen ihre Negativität durch einen körnigen Bruch. Sprödigkeit daher mit ftrahlichem Bruch = relative

Kohärenz der Hydrogenisation, Sprödigkeit mit körnigem Bruch = relative Kohärenz mit Oxydation, beide unter der Potenz des magnetischen oder metallischen Gegensatzes.

Da Sauerstoff und Wasserstoff die Richtungen des Beweglichsten der Erde sind, so dass Sauerstoff die Tendenz des Individualisirens, Wasserstoff die Tendenz des Universalisirens in der Trennung andeutet, so ist jener als negative, dieser als positive Elektricität anzusehen.

Elektricität ist Hervorstreben des beweglichen Gegensatzes in dem Starren, Magnetismus Hervorstreben des starren Gegensatzes in dem Beweglichen.

Je gediegener die metallische Masse, desto mehr widerstrebt sie der elektrischen Richtung. Je entfernter von dem gediegenen Mittelpunkt, desto mehr unterliegt sie derselben Richtung. Leitungsfähigkeit für Elektricität und Receptivität für Sauerstoff und Wasserstoff stehen mit der Verwandtschaft gegen beide Stoffe in einem umgekehrten Verhältniss.

Diamant und die mit ihm verwandten glasigten Fossilien sind die negativ-elektrisirtesten der kohärenten Reihe; daher oscilliren sie die positive Elektricität, ohne sie zu leiten. Schwefel und Phosphor sind die positiv-elektrisirtesten der nicht-kohärenten Reihe, daher oscilliren sie die negative Elektricität, ohne sie zu leiten (versteht sich, relativ).

Die Metalle der innern Ellipse oxydiren und hydrogenisiren sich nur momentan, die der äussern konstanter; doch bleibt bei der Verglasung der einen und Verflüchtigung der andern der starre Gegensatz herrschend — nord-südliche Abweichung der ost-westlichen Richtung. Nur bei den Extremen erscheinen metallische Säuren (östliche Abweichungen der nord-südlichen Richtung, wie Wolframsäure, Molybdänsäure, Chromiumsäure, Kohlensäure) und Hydrures (westliche Abweichung derselben Richtung, wie Spiessglanz-, Arsenik-, Schwefel-, Phosphor-Verbindungen mit Wasserstoff.) — Die Grade dieser Oxydation und Hydrogenisation sind mannichfaltig verschieden, je nachdem der Faktor des starren oder beweglichen Gegensatzes relatives Uebergewicht hat.

Dass die nördlichen Metalle sich bloss oxydiren und Säuren bilden, die südlichen aber sich nicht bloss hydrogenisiren, sondern auch oxydiren, zeigt eine Eintauchung in eine herrschende Oxydationssphäre, die anschaulich gemacht werden muss.

Die Erdarten stellen die metallischen Reihen selbst dar, nur so, dass der starre Gegensatz fast ganz verschwunden ist.

Die kontrahirte Seite der Erden wird durch die Kieselreihe (Kiesel, Zirkon, Glucine, Thon), die expandirte durch die Kalkreihe (Kalk, Baryth, Strontian, Kali, Natron und Ammoniak) dargestellt. Talk bildet den Uebergang.

Da aus den Erden der magnetiſche Gegenſatz verſchwunden iſt, ſo verhalten ſie ſich nicht wie kohärente zu nicht-kohärenten Metallen, ſondern wie Säuren zu Baſen. Die Kieſelreihe ſtellt die ſaure, die Kalkreihe die baſiſche vor.

Sauerſtoff iſt die reinſte Säure, Waſſerſtoff die reinſte Baſe, und durch unendliche Zwiſchenſtufen der ſauren und baſiſchen Bildung wird der Uebergang zu ihnen gebildet.

Elektricität iſt Verwandlung des Kohlenſtoffs und Stickſtoffs in Sauerſtoff und Waſſerſtoff.

Die Werkſtätte der Elektricität iſt die Luft, im Gegenſatz gegen den metalliſchen Kern der Erde, als den Wohnſitz des Magnetismus. Waſſer und Erde ſind die Bildungen des Differenzirens und Indifferenzirens, die ſich zwiſchen beiden bilden.

Nur durch den Zwang des metalliſchen Kerns erhält ſich die Luft in ihrer Beweglichkeit, nur durch den Zwang der Luft beharrt der metalliſche Kern in ſeiner Ruhe. — Beide ſind in und mit einander. Das Verhältniſs iſt ein organiſches Spannungsverhältniſs.

Die Verbindung zwischen dem Starren und Beweglichen ist durch das Maximum der gemeinschaftlichen Indifferenz, d. h., alle Oxydation und Hydrogenisation ist durch Wasser vermittelt.

Das Zerfallen eines jeden Metalls durch die Oxydation ist der Typus der ersten Bildung der Erde durch Trennung des Festen vom Flüssigen. Wie das Metall das Flüssige differenzirt, und das Flüssige sich durch Neutralisation indifferenzirt, so lagerte sich mit nordöstlicher Abweichung das feste Land gegen Norden, indessen das Flüssige sich mit südwestlicher Abweichung gegen Süden anhäufte.

Alles feste Land ist anzusehen als die ganze Metallreihe, in eine gemeinschaftliche Oxydationssphäre aufgenommen.

Der erste Oxydationsgrad ist der *Granit*. In diesem hat der Quarz die gröfste relative Kohärenz, und schliefst sich an die nördlichen Metalle. Der Feldspath (mit einem doppelten Durchgang der Blätter) ist das in der Oxydation relativ hervortretende Hydrogenisirte (südliche), (daher die geringere Menge Kieselerde, der Kaligehalt u. s. w.), der Glimmer (mit einem einfachen Durchgang der Blätter) das am meisten oxydirte, östlich Abweichende (daher die herrschende Dimension der Breite — der Talkgehalt u. s. w.). Durch den Uebergang aus Granit im Gneus, aus diesem im Glimmerschiefer, endlich in Urthonschiefer, bildet sich die erste vollständige Trennung des Festen vom Flüssigen, durch eine allmählig zunehmende Oxydation. Es ist die Epoche des herrschenden (scheinbaren) Chemismus in der organischen Bildungsgeschichte der Erde. Im Ganzen ist der hervortretende Quarz (das Maximum der ursprünglichen Oxydation) mit seinem Gegensatze, der Feldspath, das Gediegenste, und die ganze Gebirgsmasse als ein allmählig oxydirtes Metall anzusehen. Daher die bewundernswürdige Regelmäfsigkeit in der stufenweisen Fortbildung, daher das regelmäfsige Sinken des Flüssigen, welches nichts anders ist, als die zunehmende Spannung zwischen Differenz der organischen Oxydation (als festes Land) und Hydrogenisation (als Luft), die mit Abnahme der Indifferenz der chaotischen Neutralisation des Flüssigen nothwendig verbunden ist.

Die blättrige Struktur des hervortretenden Schiefers ist Ueberhandnahme der Flächenform des beweglichen (ostwestlichen) Gegensatzes. Die Schieferform im Kleinen und die Schichtenform im Grofsen sind die zurückgelassenen Spuren der grofsen und kleinen Oscillationen, während welcher jene Spannung immer stärker hervortrat. Hier entdeckt man die Unendlichkeit der Zeitepochen; denn eine grofse Epoche wird gebildet durch die ganze Reihe jener Massen, kleinere durch den Uebergang der Massen in einander, noch kleinere durch die Schichtenabtheilung der einzelnen Masſen, die kleinſten, und in der That bis ins Unendliche kleinen, durch die Schieferform und durch die blättrige Struktur.

Die Abſonderung des feſten Landes geſchah durch eine nordöſtliche Abweichung, wie die Natur des gediegenſten Kerns der Gebirgsmaſſe (der Granit) beweiſt. Daher iſt das Hauptſtreichen jener Gebirge von Nord-Oſt nach Süd-Weſt, das Fallen aber (die Richtung der abnehmenden Flüſſigkeit) weſtlich.

Was jene Maſſen in der ſtufenmäſsigen Fortbildung der ganzen Erde ſind, ſtellt am reinſten die Oxydation des Diamanten dar, ſo daſs er ſelbſt dem quarzigen gediegenen Kerne, der Graphit dem halbmetalliſchen Glimmer, die reinſte Kohle aber dem ſchwarzen Thonſchiefer entſpricht, nur daſs alle Potenzen der zukünftigen Fortbildung in jene Gebirgsmaſſen, wenn gleich einer beſtimmten Potenz der Univerſalität ſubordinirt, als Keime ſchlummern und die Reinheit der Maſſe trüben.

Die chemiſche Regelmäſsigkeit der alten Gebirge iſt die noch herrſchende uniforme Allgemeinheit, als der Haupttypus ihrer Bildung.

Die Granitgebirge, wo ſie am mächtigſten hervortreten, ſind im Ganzen am meiſten uniform; aber daher erſcheinen ſie auch im Einzelnen mit der ganzen Trennung der Oxydation (als Quarz) der Desoxydation (als Feldſpath) und der unter dieſer Potenz hervortretenden beſondern Indifferenz als Glimmer).

Die Gneus-, Glimmerſchiefer- und Urthonſchiefergebirge ſind im Ganzen differenter als der Granit, und zwar ſo, daſs der Thonſchiefer im Ganzen der differenteſte iſt, und der einfachſte im Einzelnen. Vom Granit an bis zu jenem jüngſten Glied der Urgebirge, ſteht daher die Differenz im Einzelnen mit der Differenz im Ganzen in umgekehrtem Verhältniſs: jene tritt zurück, ſo wie dieſe hervortritt. Die letztere wird durch die Gebirgslager repräſentirt, die häufiger und mannichfaltiger werden, je jünger und oxydirter die Glieder der Urgebirge ſind.

Nachdem der ſtarre Gegenſatz der metalliſchen Erdmaſſe im Ganzen verſchwunden war, in welchen durch die Trennung ſelbſt die Vereinigung und durch die Vereinigung die Trennung vermittelt war, ſo daſs das ganze Spannungsverhältniſs zwiſchen dem ſtarren und beweglichen Gegenſatze ſelbſt ſtattfand, erſchien die eine Seite jenes Gegenſatzes, als das in ſich am meiſten Kohärente (relativ-Kohärenteſte), die andere, als das Kohäſionsloſeſte, jene als feſtes Land, dieſe als Luft, und alle Trennung = relative Spannung und Vereinigung = relative Neutraliſation, offenbarte ſich als durch das in den getrennten ſtarren Gegenſatz hineingebildete Bewegliche vermittelt. Da der getrennte magnetische Gegensatz nie aufgehoben werden kann, so daſs durch diesen Alles auf der Erde auseinandergehalten wird, so ist eine relative Vereinigung nur möglich, indem ein unendlich Mannichfaltiges sich unter der doppelten, nie aufzuhebenden Potenz der Universalität (als Luft) und Individualität (als festes Land) entwickelt, und so die Verbindung durch eine Unendlichkeit vermittelt wird. Durch diese Entwickelung wird die Universalität in der Potenz der Individualität, und umgekehrt, diese in jener, gesetzt, und es entsteht eine Vereinigung in der Trennung. Aber, wie der Hauptgegensatz unauflösbar und nur durch eine Unendlichkeit zu vermitteln ist, so ist es auch die unendliche Mannichfaltigkeit, die unter jeder Potenz sich entwickelt. Auch diese kann nie aufgehoben werden. Doch ist die Hineinbildung des Mannichfaltigen unter jeder Potenz als die relative Vereinigung beider Potenzen in einer jeden anzusehen. Wenn bei der allmähligen Fortbildung der Gebirgsmassen immer mehr und mehr Verhältnisse im Ganzen hervortreten, so hat eine jede sich vom Ganzen absondernde Bildung nicht allein eine bestimmte Relation zum Ganzen der Gebirgsmasse, woraus ein organisches Verhältniſs gegen diese entspringt, sondern auch ein bestimmtes Verhältniſs gegen die Luft; aber dieses setzt ein, wenn gleich wegen der Universalität der Potenz in das Ganze verschwommenes, und diluirtes Verhältniſs dieser voraus, welches nun wiederum theils mit dem Ganzen der Luft, theils mit dem Einzelnen des festen Landes in Relation steht. Aber nicht allein unter sich bildet so der getrennte Gegensatz mannichfaltige Relationen, sondern auch gegen die vermittelnden Glieder des beweglichen Gegensatzes, und zwar so, daſs mit der Spannung dieser gegen einander die Mannichfaltigkeit der Verhältnisse hervortritt; und da Spannung = relative Trennung ist, so nimmt mit der Trennung des beweglichen Gegensatzes die relative Vereinigung des starren zu, und umgekehrt, mit der Trennung des starren Gegensatzes die Vereinigung des beweglichen. Da nun der bewegliche Gegensatz als die vermittelnde Indifferenz des getrennten starren anzusehen ist, so folgt das Gesetz: daſs die relative Differenz des starren oder Hineinbildung des Mannichfaltigen in eine jede Potenz mit zunehmender Spannung des beweglichen, die relative Indifferenz des beweglichen Gegensatzes aber mit zunehmender Spannung des starren im Allgemeinen nothwendig verbunden ist.

Nennen wir das Element des festen Landes Kohlenstoff, das Element der Luft Stickstoff, so ist mit dem Hervortreten des Stickstoffs unter der Potenz des Kohlenstoffs eine unendliche Mannichfaltigkeit der Bildungen gegeben, deren graduelle Verschiedenheit sich in gleichem Verhältniſs mit der Spannung der Oxydation des festen Landes und der Hydrogenisation der Luft entwickeln wird. In dem nämlichen Verhältnifs nun, in welchem der Stickftoff unter der Potenz des Kohlenftoffs fich entwickelt, wird umgekehrt der Kohlenftoff unter der Potenz des Stickftoffs hervortreten, in jenem der Stickftoff der Individualität des Befondern, in diefem der Kohlenftoff der Univerfalität des Allgemeinen unterliegen.

Der Granit, als das Gediegenfte (der relativreinfte Kohlenftoff im Gegenfatz gegen eine Luft, die wir als den relativ-reinften Stickftoff anfehen können) enthält die geringfte Mannichfaltigkeit verfchiedenartiger Bildungen, und in der That müffen wir denjenigen Granit, der Lager und Metalle enthält, als den jüngften, und fchon als zum Gneus übergehend, anfehen.

So wie die Spannung der Oxydation und Hydrogenifation zunahm, mufsten alle Verhältniffe hervortreten können, auch theilweife ein Zurückfinken zu jener urfprünglichen Vereinigung beider, die wir als die Metallität der Erde kennen. Daher werden die Gebirge metallreicher, fo wie die Spannung zunimmt, die Linie alfo im Ganzen verfchwindet, die Flächenkraft in der Schieferform überhand nimmt, und die Abnahme des Waffers den lebendigen Gegenfatz der Univerfalität und Individualität hervortreten läfst.

Die uns für die Zukunft naheliegende Entdeckung des Verhältniffes der Metallvertheilung zu den Gebirgsmassen verspricht uns die herrlichsten Aufschlüsse über den rhythmischen Gang der Bildung der Urgebirge, denn in den Metallen liegt die reinste Darstellung der verständigen Relation der Erde verborgen.

Das Zurücksinken der Gebirgsmassen zur Metallbildung ist die Offenbarung der innern Natur der Erde für den Forscher.

Die schiefrigen Gebirgsmassen zeigen die allmählig hervortretende Individualität der Bildungen im Ganzen. Alles entwickelt sich daher hier, aber weniger rein, mehr in dem Ganzen verschlungen. Die Gänge hingegen, indem bei ihrer Bildung die Massen der Gewalt der Totalität mehr entrissen waren, zeigen die Gewalt der Individualität für ihre Entstehungsperiode am reinsten. Daher die reine Ausbildung alles Einzelnen in ihnen, indem in der Gebirgsmasse Alles von Allem beschränkt ward, und alle Bildungen eine jede trübte.

Je älter die Gänge sind, desto weniger sind sie von den Gebirgsmassen im Ganzen verschieden (wie die Granit-, Gneus-, Quarzgänge); je jünger, desto mannichfaltiger, wenn nicht die Gewalt der jüngern Gebirgsmassen plötzliche Gangausfüllungen veranlaſste, die keine Individualisirung erlaubten (wie es die Porphyr-, Trapp-, Wackengänge u. s. w. beweisen).

Die Gebirgslager ſind individuelle Produktionen unter der Potenz der ganzen Maſſe. Daher ihre gleichförmige Lagerung.

Die Gebirgslager ſind entweder theilweiſe Reduktionen einzelner Maſſen (wie die Quarz- und Metalllager), oder hervortretender Stickſtoff auf der einen (Kalklager), und Kohlenſtoff auf der andern Seite (Urtrapplager), oder endlich theilweiſe Reduktionen der geſammten Maſſe (Porphyrlager).

Wo die Maſſe zur Metallbildung zurückſinkt, alſo die innigſte Vereinigung des Kohlenſtoffs und Stickſtoffs erſcheint, tritt ihr Sauerſtoff und Waſſerſtoff entgegen, d. h., die gleiche Fähigkeit, Verbrennungs- und Schmelzungsprozeſs einzuleiten, ſteht der gleichen Receptivität gegen beide Prozeſſe gegenüber; wo die reinſte Oxydation des Kohlenſtoffs in der feſten Maſſe ſich zeigt, tritt ihr die reinſte Hydrogeniſation des Stickſtoffs entgegen, und wo theilweiſe unter der Potenz des Individualiſirens eine relative Hydrogeniſation des Stickſtoffs in der feſten Maſſe ſich zeigt, ſteht ihr gegenüber eine Oxydation des Kohlenſtoffs in der Luft. Da dieſe Verhältniſſe dem Weſen ſowohl der feſten Maſſe als der Luft widerſtreben, und nur durch den Zwang der Kombinationen hervorgebracht worden ſind, ſo heben ſie ſich wechſelſeitig auf, und der Kalk (als die relative Hydrogeniſation des Stickſtoffs) erſcheint immer als mit der urſprünglich luftförmigen Kohlenſäure neutraliſirt.

Das Maximum der Oxydation der festen Masse geht in das Entgegengesetzte über.

Das Maximum der Oxydation findet da statt, wo der Kohlenstoff gasförmig wird.

Die Abnahme der Oxydations- und Hydrogenisationsspannung, also die Zunahme des Wassers, zeigt sich in den Urgebürgen durch Massen mit abweichender und übergreifender Lagerung.

Die Abnahme der Spannung ist ein relatives Zurücktreten zur ursprünglichen Granitbildung, also eine relative Reduktion der ganzen Masse. Durch diese Reduktion werden die individuellen Verhältnisse, die während der Zunahme der Spannung allmählig hervortraten, seltener; die häufigen Lager verschwinden, und die Metallproduktion nimmt ab, hingegen tritt der Feldspath (das relativ-Hydrogenisirteste der Masse) erst weniger, allmählig stärker hervor, bis endlich bei der vollendeten Bildung die ganze Masse, wie der Granit, aus Feldspath, Quarz und Hornblende, statt des Glimmers besteht. Die Porphyrformation und ihr granitähnlichstes Glied, (der Sienit) stellt dieses Verhältnifs am reinsten dar.

Da das Wasser verschwindet, so wie die Spannung zunimmt und die Mannichfaltigkeit individueller Bildungen hervortritt, so entsteht daher der

Schein, als wenn Alles aus dem Waſſer hervortrete, oder wohl gar, wie eine durchaus falſche Anſicht ſich ausdrückt, im Waſſer aufgelöſt wäre. Es iſt aber ein bloſser Schein, das Verhältniſs ein wechſelſeitiges organiſches; und Waſſer entſteht eben ſowohl, indem die individuellen Bildungen zurücktreten, wie dieſe, indem jenes abnimmt.

Mit der Porphyrbildung iſt die erſte Epoche der chemiſchen Urzeit geſchloſſen.

Der chemiſche Schein der Urzeit entſteht, indem die Oxydations- und Hydrogeniſationsſpannung eine äuſsere und keine innere iſt. So war das feſte Land das oxydirte, die Luft das hydrogeniſirte, auch die Verhältniſſe der Spannung des feſten Landes äuſsere. Daher finden wir in den Urgebirgen nur Regungen individueller Bildungen, keine Individualität.

Die fortſchreitende Bildung iſt das Hineinbilden der Gegenſätze des Werdens (als Sauerſtoff und Waſſerſtoff) in den Gegenſätzen des Seyns (als Stickſtoff und Kohlenſtoff); dadurch erſt entdeckt ſich Alles in Allem auf einem jeden Punkt, d. h., es entſteht organiſche Individualität.

Der Schein des Anorgiſchen entſpringt, indem das urſprünglich Vereinigte (des Waſſers als Sauerſtoff und Waſſerſtoff, des Magneten als Stickſtoff und Kohlenſtoff) innerlich getrennt wird — durch

Zerfallen — und äufserlich vereinigt — durch äusere Spannung. Das Organifche entfpringt, indem die äufsere Spannung, alfo Vereinigung, eine innere, die innere Trennung des Einzelnen, als eines Ganzen, eine äufsere wird.

Die chemifche Urzeit enthüllt das Innere der Erde durch theilweife Metallproduktion; die Zeit der keimenden Organifation verbirgt das äufsere Zerfallene der Erde durch ifolirte Individualität.

Die chemifche Urzeit ift diejenige, in welche die Indifferenz des Werdens als Waffer, und die Differenz des Seyns als Magnet, ineinandergreifen, indem fich die Indifferenz differenziren, die Differenz indifferenziren will; alle Gegenfätze liegen fich daher äufserlich fehr nahe: das Zerfallene der Erde in der Luft und im Waffer, die Kohäfionslofigkeit des Waffers und der Luft in der feften Erde. Auf einem jeden Punkte find daher im Granit alle Gegenfätze: der der Luft als Feldfpath, der des Waffers als Glimmer, der der feften Erde felbft als Quarz. Die Spannung trennt Alles im Grofsen, vereinzelt Alles im Kleinen, damit ein jeder Gegenfatz feine eigne Unendlichkeit finden, und alle Gegenfätze in fich finden möge. So find die grofsen Lager die erften Spuren der individuellen Bildung, und da Individualität und Selbfterkennen Eins ift, das erwachende Selbfterkennen ifolirter Verhältniffe. Aber ein jedes Verhältnifs hat, als die von ihm getrennte Zukunft, seinen sympathetischen Gegensatz in der Luft, wo er, von der Potenz der Universalität ergriffen, sich nur auf eine undeutliche Weise abzusondern vermag, und seine Bildung im festen Lande nur als eine ewige Sehnsucht umschwebt, ohne sich mit ihr verbinden zu können.

Wenn das Maximum der Spannung erreicht ist und umschlägt, dann differenzirt sich die Luft, das kohärente feste Land aber indifferenzirt sich, die individuellen Verhältnisse treten in die vergangene Nacht zurück, die Gegensätze des Granits zeigen sich wieder, und die alte Gewalt des Wassers kommt zurück. Wie wir wissen, die Porphyrbildung.

Wenn die Spannung einmal erwacht ist, kann sie nur relativ verdrängt werden. Auch zeigt selbst der Sienit, indem er Hornblende statt des Glimmers erhält, die geheime Gewalt des getrennten Kohlenstoffs; denn jenes Fossil gehört der Urtrappformation ursprünglich zu. Doch kann jenes Uebergehen in ein entgegengesetztes Verhältniss nicht bloss partiell seyn. Es ist nicht zu begreifen, wie die Individualität wieder keimen und die Fortbildung stattfinden könne, nachdem die Natur sie durch einen eigenen lebendigen Akt vernichtet hat, wenn die producirte Masse in einer aktiven Kohärenz mit der Erde blieb. Jene immer fortdauernde Spannung weiset aber diese Kohärenz zurück, die producirte Masse, anstatt mit der Erde aktiv zu kohäriren, vermag nur mit sich selbst zu kohäriren, mit der Erde nur passiv. Die Indifferenz dieser eigenthümlichen Kohärenz ist ein eigner Schwerpunkt; nur theilweise, also relativ, vermochte der Porphyr sich der Erde aufzudringen, indem die Spannung erschlaffte, der gröſste Theil der Masse aber, von der mit beharrender Spannung lebendigen Erde abgestoſsen, bildete den Mond — und die Porphyrbildung ist die erste Epoche der Mondbildung. Daher die wunderbare Erscheinung der unterbrochenen Lagerung, die die uralten Spuren der verschwundenen Masse noch immer nachweisen. Die Schwere der Erde, die dem Individualisiren des Lichts widerstrebt, stand mit jenen Massen im Bunde; daher sehen wir, wie die niedrigsten Stellen der Gebirge mit zusammenhängenden Porphyrlagern bedeckt sind, da die höhern Punkte nur einzelne von einander entfernte Kuppen zeigen.

Alle fortschreitende Bildung ist mit der zunehmenden Spannung verbunden. Die Porphyrbildung scheint plötzlich gekommen und vollendet zu seyn.

Die Uebergangsgebirge verhalten sich zum Porphyr, wie die Schiefergebirge zum Granit, nur daſs, weil die alte Spannung bloſs theilweise zurücktrat, die Kontinuität der Fortbildung noch immer stattfindet. So hängt das Grauwackengebirge mit dem Urthonschiefer, das Uebergangstrappgebirge mit dem Urtrapp, und das Uebergangskalkgebirge mit dem Urkalk zusammen.

Nachdem es der Erde gelungen war, jene Massenverhältnisse durch die Spannung zu verdrängen, trat die höhere Tendenz zum Individualisiren mächtiger hervor; sie äussert sich theils durch das scheinbar Gesetzlose der Lagerung in den Uebergangsgebirgen, — denn die gesetzmäfsig fortschreitende Lagerung in den Urgebirgen zeigte sich eben weil Alles unter der Potenz der sich fortbildenden Masse sich entwickelte — theils durch die Gewalt über die alte Masse als Konglomerat — theils durch das Hervortreten der einzelnen Versteinerungen. —

Die Tendenz, sich in grofsen verschiedenartigen Massen zu trennen, tritt bei den Uebergangsgebirgen zurück; das Zurücksinken zur Metallproduktion wird seltener.

In den Uebergangsgebirgen behält die blofse Masse noch immer eine grofse Gewalt, und dann tritt die wahre Schieferform und die gesetzmäfsige Lagerung wieder hervor.

Die ersten Spuren der Organisation offenbaren sich, indem die Oxydations- und Hydrogenisationsspannung eine innere wird, d. h., indem sowol in der festen Masse unter der Potenz der Individualität, als in der Luft unter der Potenz der Universalität, Sauerstoff und Wasserstoff ein Spannungsverhältniss begründet, doch so, dass auch hier der Sauerstoff in dem individuellen, Wasserstoff in dem universellen Gegensatze die Oberhand behält.

Die Versteinerungen in den Uebergangsgebirgen sind weder für die Vegetation, noch für die Animalisation, weder für eine organische universelle, noch für eine organische individuelle Bildung entschieden.

Die Flötzgebirge bilden mit den Urgebirgen einen wahren Gegensatz. Jene zeigen die keimende sich fortbildende Gewalt der Organisation, diese die abnehmende Gewalt der blossen Masse.

In den Flötzgebirgen offenbart sich die äussere Gewalt über die Masse deutlicher noch als in den Uebergangsgebirgen, durch die mächtigen, in den neuern immer kleiner werdenden Konglomerate, die innere Gewalt durch das Zurücktreten der Schieferbildung, die seltener und unreiner (mit Konglomerat vermischter) wird, die Gewalt der keimenden Organisation aber durch die Versteinerungen.

Im Ganzen der Gebirge steht die Menge der Metalle mit der Mannichfaltigkeit der Versteinerungen, die reine Gewalt der Masse mit der Gewalt des ifolirten Organismus in umgekehrtem Verhältnifs. In den älteften Urgebirgen find Metalle ohne Verfteinerungen, in den jüngften Flötzgebirgen Verfteinerungen ohne Metalle (Eifen ausgenommen). — In den Uebergangsgebirgen und älteften Flötzgebirgen nehmen die Metalle ab, wie die Verfteinerungen zunehmen, und umgekehrt.

Wo die Spannung eine innerliche geworden ift, da ift nothwendig die ganze Quadruplicität nicht allein potentia — was auch in der chemifchen Urzeit ftattfindet — fondern actu gegenwärtig, d. h., die Organifation ift ein konzentrirtes Bild aller Verhältniffe der Erde.

Alle erfcheinende Organifationen nehmen Theil an den Spannungen des beweglichen und ftarren Gegenfatzes in der Urzeit.

Die Vegetation erfcheint, indem der urfprünglich oxydirte öftlich abweichende Kohlenftoff in der Potenz der Hydrogenifation oder weftlichen Abweichung die innere Spannung einfchliefst.

Die Pflanzen zeigen im ftarren Gegenfatze hervortretenden Kohlenftoff und zurückgedrängten Stickftoff, im beweglichen Gegenfatze hervortretende Hydrogenifation und zurückgedrängte Oxydation.

Die Pflanzenorganifation ftellt die Vermählung der feften Erde mit der Luft dar.

Die Animalisation erscheint, indem der ursprünglich hydrogenisirte, westlich abweichende Stickstoff in der Potenz der Oxydation oder östlichen Abweichung die innere Spannung einschliesst.

Die Thiere zeigen im starren Gegensatze hervortretenden Stickstoff und zurückgedrängten Kohlenstoff, im beweglichen Gegensatze hervortretende Oxydation und zurückgedrängte Hydrogenisation.

Die Thierorganisation stellt die Vermählung der Luft mit der festen Erde dar.

Die Organisation der Erde zeigt auf einer jeden Stelle ihre ganze Unendlichkeit — durch die feste ruhende Masse der zwangvollen Vergangenheit, die sich durch die vegetirende Decke mit der Luft organisch verbindet, — durch die ursprünglich freie Atmosphäre der willkührlichen Zukunft, die sich durch die Animalisation mit der Erde verbindet. Daher wurzelt die Pflanze, indem das Thier die Willkührlichkeit mit der Luft theilt. Das Wasser oscillirt zwischen beiden, und nimmt mit zunehmender Spannung ab, mit abnehmender Spannung zu.

Was in der Urzeit als Mannichfaltigkeit der Produkte erscheint, offenbart sich in der Organisation als Mannichfaltigkeit der Funktionen.

Wie in der Urzeit auf der hydrogenisirten Seite der Luft, nur auf eine undeutliche Weise, die Mannichfaltigkeit unter der Potenz der Universalität sich entwickelte, indem auf der oxydirten Seite des festen Landes die besondern Bildungen deutlich hervortraten, so entwickelt sich auch in der hervortretenden organischen Oxydation der Animalisation die Mannichfaltigkeit der Funktionen, indem in der organischen Hydrogenisation der Vegetation diese Entwickelung auf eine undeutlichere Weise stattfindet, nur mit dem Unterschied, der aus dem Wesen der Organisation, als der Identität des Allgemeinen und Besondern im Allgemeinen und Besondern, nothwendig folgt. Daher die bestimmte Erscheinung der vegetativen Processe unter der Potenz der Animalisation und die Unscheinbarkeit der animalischen Processe in der Vegetation.

Die Kalklager als hervortretender Stickstoff zeigen die Tendenz zur Animalisation; die Schiefer- und Trappformation, als hervortretender Kohlenstoff, die Tendenz zur Vegetation in der Urzeit.

Die Schiefer- und Urtrappbildungen zeigen früh die aus der allgemeinen Oxydation hervorstrebenden Hydrogenisation — in den ältesten Gebirgen durch ihren Feldspathgehalt, in den jüngern durch die Blasenräume der Mandelsteingebirge — die von einer Gasentwickelung zeugen; aber diese Hydrogenisation trennte sich von der Oxydation, und die Spannung blieb eine äussere.

Die Kalklager, als das relativ-Hydrogenisirteste der festen Erde, zeigten früh schon ihre Neigung, sich in der Hydrogenisation zu oxydiren, indem sie sich mit Kohlensäure verbanden; aber diese Verbindung ward eine Neutralisation: die Gegensätze hoben sich wechselseitig auf, die Spannung ward vernichtet.

Die Animalisation schliefst sich in den Flötzgebirgen an die Kalklager, die Vegetation an die Flötztrappgebirge und Sandsteinformationen — die letztern als Fortsetzung der Schieferbildung. Daher alle Thierversteinerungen kalkig, alle Pflanzenversteinerungen kieselig.

Die Kalkgehäuse der niedern Thiere und der Kieselgehalt der niedern Pflanzen beweisen die noch in ihrer Organisation herrschende Gewalt der Masse.

Kalk und Kiesel sind organische Residuen der Animalisation und Vegetation, und nicht als solche von aufsen in die Organisation hineingetreten.

Die Erdarten, durch die Organisation abgesetzt, verhalten sich zu dieser, wie die Metallproduktion zu den Gebirgsmassen.

Das Oel der Pflanzen ist Kohlenstoff, durch den Zwang der Vegetation zur westlichen Abweichung gebracht.

Die gallertartige Zähigkeit zeigt den Uebergang aus dem in ſich Verſchloſſenen der relativen Kohärenz des oxydirteſten Kohlenſtoffs zur Allgemeinheit der Hydrogeniſation. Daher die Entſtehung einer Gallert durch Verbindung des Kieſels und Thons mit Kali — daher das Verſchwinden des gallertartigen Zuſammenhangs, je ätheriſcher die Oele werden.

Der Weingeiſt verhält ſich zum Kieſel, wie die überſauern Säuren zu ihren reſpektiven Grundlagen, und es zeigen ſich unendliche Zwiſchenſtufen des Uebergangs vom ſtarren Gegenſatz zum beweglichſten, dort wie hier. Das Experiment hat dieſe nur noch auf eine unvollſtändige Weiſe aufzuſtellen gewuſst.

Durch die Vegetation iſt die Hydrogeniſation, und mit dieſer die Receptivität, das innere Leben und die Kombuſtibilität in der ganzen Maſſe der Erde ſelbſt einheimiſch geworden.

Der Grund, warum man in den Urgebirgen ſo wenige Spuren des Verbrennlichen findet, iſt, weil dieſe in einer einſeitigen Oxydationsſphäre urſprünglich eingetaucht waren.

Nur der hydrogeniſirte Kohlenſtoff iſt verbrennlich, weil beide ſich den Sauerſtoff aneignen. Der hydrogeniſirte Stickſtoff hat eine Receptivität, ſowol für den Kohlenstoff als für den Sauerstoff; beide Gegensätze binden sich, und es entsteht eine Neutralisation.

Durch die vergangene Vegetation hat sich das uralte Verhältniss in der Epoche der ältesten Gebirge umgekehrt. Die Hydrogenisation regt sich in der festen Masse, die Oxydation in der Luft — und mit diesem Zwange ist die innere Spannung der Organisation im Ganzen der Erde, wie im einzelnen Leben hervorgebracht.

Die Flötzgebirge zeigen zwei grosse Epochen; in beiden ist eine Epoche der herrschenden Vegetation, eine der herrschenden Animalisation, und eine dritte der siegenden Neutralisation.

In der ältesten Epoche der Flötzzeit findet man als Hauptflötze: das älteste Konglomerat mit Steinkohlen (als öligte Reste der ältesten Vegetation im Ganzen), Pflanzenabdrücke und Schiefer — den ältesten Kalkstein, mit thierischem Oel und Thierversteinerung — den ältesten Gips, und Steinsalz endlich als das neutrale. In dieser Epoche ist die Vegetation die herrschende; die Steinkohlengebirge sind die vorwaltenden.

Die Konglomerate sind in dem Kohlenstoffe und den vegetativen Gebirgen die herrschenden, weil das hier Hervorstrebende ein Streit der Masse gegen ſich ſelbſt iſt, weniger in den Kalkgebirgen, weil ſie eine Maſſenproduktion der Luft ſind.

Die älteſte Vegetation und Animaliſation keimte unter der Potenz der Maſſe, die älteſten Thier- und Pflanzenformen zeigen ſelbſt das Herrſchende dieſer Gewalt. In den Maſſen finden wir drei Epochen. Eine Epoche des Kampfs gegen die chemiſche Maſſe, bezeichnet durch die Konglomerate, und am mächtigſten auf der vegetativen Seite, eine der hervortretenden Animaliſation und Vegetation, bezeichnet durch Verſteinerungen und öligte Produkte, endlich eine der wieder hervortretenden, die iſolirte Organiſation bezwingenden chemiſchen Maſſe, bezeichnet durch Schieferbildung. Dieſe Epochen oscilliren mannichfaltig mit einander.

Auflöſung im Waſſer iſt Aufhebung derjenigen Spannung, die aus dem Streite zwiſchen Magnetismus und Elektricität entſpringt.

Auflöſung iſt das Entgegengeſetzte von Reduktion. Reducirt wird ein Körper, wenn er dem magnetiſchen Gegenſatze näher gebracht wird; aufgelöſt, wenn die Indifferenz des Waſſers ſiegt.

Nur metalliſche Körper können reducirt werden.

Die Fähigkeit, im Waſſer aufgelöſt zu werden, findet erſt ſtatt bei den Extremen der metalliſchen

Reihe (wo Kohlenſtoff und Stickſtoff relativ getrennt ſind), und ſelbſt bei dieſen nur dann, wenn ein Maximum der ſekundären öſtlichen oder weſtlichen Abweichung erreicht iſt. Kohlenſtoff iſt unauflösbar im Waſſer; ſein Extrem der Oxydation (als Kohlenſäure) und Hydrogeniſation (als ätheriſches Oel) hingegen auflösbar. Mit Schwefel und Phosphor iſt es der nämliche Fall.

„Ein Körper löst ſich im Waſſer auf, wenn er „mit hervortretendem Sauerſtoff den Waſſerſtoff „des Waſſers, oder mit hervortretendem Waſſer„ſtoff den Sauerſtoff des Waſſers oscillirt, ohne die „Spannung hervorrufen zu können.“

„Die Auflösbarkeit ſteht mit dem alkaliſchen „und ſauern Gegenſatz in geradem Verhältniſſe.“

Die Auflösbarkeit der durch Säuren neutraliſirten Alkalien verhält ſich umgekehrt, wie die in ihrem Bildungsmomente geäuſserte Verwandtſchaft gegen die reſpektiven Säuren; — „denn wenn „Säure und Alkali ſich neutraliſiren, ſo indifferen„ziren ſie ſich, und werden alſo gegen das Indiffe„rente gleichgültig, und je höher die Verwandt„ſchaft, deſto vollkommener die Neutraliſation, und „alſo deſto geringer die Auflösbarkeit.“

Die organiſche Spannung der Vegetation unter der Potenz des Kieſels als Maſſe, und die Spannung der Animalisation unter der Potenz des Kalks als Masse, werden, wenn ihr Maximum erreicht ist, erschlaffen, sich indifferenziren und eine Epoche der Salzbildung hervorrufen.

Die Epoche der Salzbildung ist bezeichnet durch die Kochsalz- und Gipsgebirge der ältesten Flötzzeit.

In den Steinsalz- und Gipsgebirgen verschwinden die Versteinerungen.

Das Maximum der gegenseitigen Spannung ist erreicht, wenn diese aus einer innern wieder eine äussere geworden, d. h., wenn die Masse auf beiden Seiten ein relatives Uebergewicht erhalten hat; — denn da die äussere Spannung in denjenigen Produktionen, in welche die Erde jetzt verflochten ist, sich als eine solche nicht erhalten kann, so muss sie sich selbst aufheben, und eine Indifferenz den Durchgangspunkt zur erneuerten organischen Spannung bilden.

Ein neutrales Salz ist nicht allein eine Indifferenz des Sauern und Basischen, sondern auch eine Indifferenz des Stickstoffs und Kohlenstoffs durch Sauerstoff und Wasserstoff, also eine relative Indifferenz der Quadruplicität.

Da durch die erwachte Animalisation und Vegetation der Stickstoff in dem Kohlenstoff, und umgekehrt, die Oxydation in der Hydrogenifation, und umgekehrt, gefetzt ift; fo kann auch die Indifferenz nur in der ganzen Quadruplicität feyn.

Die Epoche der Salzbildung zeigt die Gewalt des Waffers, gebändigt durch die nur relativ zurückgedrängte Organifation.

Die Salzgebirge fchliefsen fich mehr an die Vegetation, wie der Salzthon, der fie begleitet, beweift; die Gipsgebirge mehr an die Animalifation, wie durch den Stinkftein, der immer mit ihnen vorkommt, dargethan wird.

Wie die Vegetation, hat in der älteften Epoche das Steinfalz das Uebergewicht. Der Gips ift, wie die Animalifation, weniger mächtig.

Der Grund der Vernichtung der erften alten Organifation liegt theils in dem einfeitigen Uebergewicht der Vegetation, theils in der Gewalt der Maffe. Beide find in der noch nicht zurückgedrängten Herrfchaft der uralten Spannung gegründet.

In der zweiten Hauptepoche der Bildung der Flötzgebirge erfcheinen die Glieder der erften wieder, nur fo, dafs die Vegetation zurückgedrängt, die Animalifation vorwaltend ift. Seltener ift daher Steinkohlen- und Steinfalzgebirg, häufiger Thierverfteinerung und Gips. Die Konglomerate zeigen eine gröſsere Herrſchaft über die uralte Maſſe (ſind feiner); die Schieferbildung iſt weniger mächtig, die Menge der Verſteinerungen hat zugenommen, die Menge der Metalle abgenommen.

Die Verſteinerungen der Uebergangsgebirge ſind ſolche, die als die niedrigſten Thiere ſich der Pflanzenform, oder als die niedrigſten Pflanzen ſich der Thierform am meiſten nähern. Die Verſteinerungen der älteſten Flötzgebirge ſteigen nur bis zur Organiſation der Fiſche. In den jüngſten finden wir auch Amphibien und Vögel. Die Stufenfolge der allmähligen Entwickelung der Organiſation in den Epochen der Erdbildung geht alſo der dynamiſchen Stufenfolge des jetzt daſeyenden Totalorganismus parallel.

Je älter die Verſteinerungen ſind, deſto mehr weicht ihre Form von der Form der jetzigen Organiſation ab; je jünger, deſto weniger. Keine Verſteinerung der Flötzgebirge ſtimmt mit den gegenwärtigen lebendigen Formen ganz überein; wo man dieſes zu finden glaubt, muſs man es der Unvollſtändigkeit der nachgelaſſenen Spuren zuſchreiben, die uns die Differenz verbirgt.

Die Abweichung der Verſteinerungen von den beſtehenden Formen iſt der geheime Zug, der die Differenz der ganzen Maſſe in ihnen darthut, ihre Entwickelung auf niedern Stufen hemmte, und ihr

Daseyn und ihre Existenz an diejenige der ganzen Masse knüpfte, also Spuren der chemischen und äussern Spannung der Urzeit in der Organisation selbst.

Da alle äussere Spannung nur eine relative, und im Ganzen (in der Totalorganisation der Erde) eine innere ist; so ist der Wechsel der Ab- und Zunahme dieser Spannung die Offenbarung des totalen Lebens, und der Untergang und Tod der alten Organisation Eins mit dem Leben der ganzen Erde.

Die erwachten Verhältnisse in den Flötzgebirgen haben ihren organischen Kontrapunkt der Differenz in der Luft, und ihre gemeinschaftliche Indifferenz im Wasser. Es ist durch die mehr verwickelten Verhältnisse der Produktion der Gegensatz der Differenz der Oxydation, Hydrogenisation und Indifferenz, d. h., der ursprüngliche auseinandergehaltenen Spannung des festen Landes, der Luft und des Wassers, im festen Lande, in der Luft und im Wasser, obgleich in einem jeden Gliede unter der besondern Potenz gesetzt. Daher sehen wir in der Flötzzeit abwechselnde Epochen der herrschenden Oxydation, Hydrogenisation und der Indifferenz, und da in einer jeden Oscillation die Luft und das Wasser organisch verflochten ist, so wird bei dem Uebergange der einen zur andern die Spannung der Masse gegen die Luft abnehmen, das Wasser also zunehmen, bei der fortschreitenden Bildung umgekehrt. Auch die Salzbildung als Indifferenz wird mit Abnahme des Waſſers verbunden ſeyn, weil jene unter der Potenz der Maſſe ſich darſtellt. Daher in der Flötzzeit die horizontalen Bedeckungen, die von einer wiederhohlten Waſſerbedeckung zeugen. Da das Verhältniſs zwiſchen Waſſer, feſtem Lande und Luft ein lebendigeres geworden iſt, ſo kann auch in einer jeden Spannung bald die Indifferenz des Waſſers überhandnehmen, welches ſich durch die erneuerte Konglomeratbildung zeigt, bald die Gewalt der Organiſation vorwaltend ſeyn, bald die alte Spannung gegen die Luft in der Schieferbildung hervortreten, und zwar ſo, daſs bald das eine Glied, bald das andere die Oberhand hat, oder eins faſt ganz zurückgedrängt ſcheint. So eröffnet ſich in den Flötzgebirgen eine unendliche Fülle der Vergangenheit, und auf einer jeden Stelle zeigen ſich alle Epochen der Fortbildung, nur ſo, daſs in den älteſten das Konglomerat durch ſeine Mächtigkeit die noch gewaltige Maſſe, die Schieferbildung durch ihre Stärke die Energie der uralten Spannung beweiſt, da in den jüngern, bei einer jeden Oscillation, die alten Maſſen im Konglomerat mehr überwältigt, die Schieferbildung mehr zurückgedrängt iſt und das Mittelglied der Organiſation ſich freier und ungebundener heraushebt.

Nur durch eine erneuerte Ausſcheidung der reinen Maſſe könnte die Organiſation die Hemmung ihrer Entwickelung und die Gewalt der äuſsern

Spannung vollkommen überwinden. Dieſes geſchieht durch die der Porphyrbildung ähnliche Baſaltformation, die, wie jene, wohl ſelbſt in der Spannung der mit keimender Organiſation erfüllten Flötzlager, und dieſen untergeordnet, hervortreten könnte, am mächtigſten aber in übergreifender und abweichender Lagerung, alle Gebirge bedeckend, die lange verborgene Gewalt der Maſſe wieder hervortreten läſst.

Die Baſaltformation iſt, wie die des Porphyrs, eine Reduktion der ganzen Maſſe.

Die Salzformation zeigt eine Indifferenz unter der Potenz der Maſſe; das groſse Maſſenverhältniſs könnte aber nur dann hervortreten, wenn jene Spannung zwiſchen dem Beweglichen und Starren wieder eine äuſsere würde, alſo nicht durch eine Indifferenz der ganzen Quadruplicität. Da nun durch die organiſche Spannung der Flötzzeit Stickſtoff und Kohlenſtoff an einem jeden Punkte zugleich ſind, ſo müſste, wenn das Verhältniſs der Urzeit wiederhergeſtellt würde, der magnetiſche Gegenſatz, reiner noch als in der Epoche der Porphyrbildung, hervorſtreben. Das uralte Waſſer müſste dann in groſser Reinheit und mit vieler Gewalt wieder zum Vorſchein kommen. Daher der ſtarke Eiſengehalt und der mächtige Magnetismus des Baſalts.

Die Basaltformation ist die Offenbarung der innersten metallischen Verhältnisse der Erde. Alle eröffnete individuelle Bildungen der Erde verschwinden in ihr, alle verwickelte Spannungen hören auf, und verlieren sich in der Homogeneität einer magnetischen Masse.

Die Basaltmasse, obgleich metallisch, hat ein bestimmtes Uebergewicht des Kohlenstoffs.

Die im Basalt eingesprengten Fossilien (basaltische Hornblende, Augit, Olivin, wohl auch mehrere Edelgesteine) zeigen die Neigung an, die in der Urzeit herrschende Spannung des oxydirten Kohlenstoffs in der festen Masse, und des hydrogenisirten Stickstoffs in der Luft wiederherzustellen.

Der Porphyrschiefer verhält sich zur Basaltformation, wie der Sienit zum Porphyr; nur ist das Verhältniss das umgekehrte. In der Porphyrformation war der Sienit das Maximum der Reduktion, in der Basaltformation ist der Porphyrschiefer diejenige Masse, die, wie der Granit aus dem metallischen Kern der Erde, aus dem gediegenern Basalt den oxydirtern Kohlenstoff (den Quarz) wieder hervorruft.

Wie in der Epoche der Porphyrbildung die Spannung, in welche die Erde damals verwickelt war, der Gewalt der Maſſe widerſtrebte, ſo muſste auch die Energie der erwachten, nie zu vernichtenden Organiſation, die Maſſe des Baſalts abſtoſsen. Daher die merkwürdige Aehnlichkeit zwiſchen Baſalt und Porphyr in allen ihren Verhältniſſen, das Vorkommen in unterbrochener Lagerung, in einzelnen Kuppen, die die Spuren der zurückgeſtoſsenen Maſſe beweiſen.

Die Epoche der Baſaltformation iſt die zweite der Mondsbildung.

Wie die fortſchreitende Spannung der Oxydation und Abnahme des Waſſers durch unendliche Oscillationen das allmählige Erwachen individueller Bildungen in der Urzeit darthun, dahingegen die Epoche der erſchlafften Spannung ſchnell vorübergehend war, ſo iſt auch die unter der Potenz der Maſſe ſich regende organiſche Spannung eine durch unendliche Oscillationen ſich hervorarbeitende, die Epoche der Baſaltformation eine plötzlich erſcheinende, und nach kurzen Oscillationen verſchwindende.

Die Formationen der aufgeſchwemmten Gebirge verhalten ſich zum Baſalt, wie die der Uebergangsgebirge zum Porphyr, ſchlieſsen ſich aber auch an die Formationen der Flötzzeit, wie die der Uebergangsgebirge an die Formationen der Urzeit an.

Durch das Zurückstoſsen der Basaltmasse hat die organische Tendenz der Erde selbst die Metallität (den starren Gegensatz) überwunden.

Das Erwachen der Organisation ist nur aus dem Organismus der Erde im Ganzen, wie im Einzelnen, zu begreifen.

Die Organisation ist, nach der Basaltbildung, durchaus das Herrschende, und alle Oscillationen, durch welche die Luft, das Wasser, die Erde, das Feuer, die Animalisation oder Vegetation hervortreten, sind selbst unter der Potenz der isolirten Organisation.

Mit der ersten jetzt bestehenden Thier- und Pflanzenform ist die ganze bestehende Organisation das Verhältniſs der Vegetation zur Animalisation und alle Stufen der Thier- und Pflanzenbildung zugleich gegeben, so wie mit der Abweichung von der gegenwärtigen Thier- und Pflanzenform, in der Flötzzeit, zugleich die Hemmung auf niedern Stufen gesetzt war.

So wie in der Epoche der Porphyrbildung die äuſsere Spannung, in derjenigen der Basaltbildung aber die organische, nur relativ zurücktrat, werden auch die alten Verhältnisse der äuſsern Spannung in der herrschenden Organisation der neuern Zeit nur relativ verdrängt. Wir können daher, sowohl in den einzelnen Organisationen, wie im Ganzen, und selbst in denjenigen individuellesten Bildungen, die am meisten in sich begründet sind, wie in der Menschenorganisation, tiefe Spuren des alten, nie ganz unterjochten Gesetzes finden. Am stärksten aber treten diese Verhältnisse in den niedrigsten Thier- und Pflanzenklassen hervor. Wir finden noch immer die Fortsetzung der Steinkohlengebirge in den Braunkohlenlagern, diese wie jene der kieseligten Reihe untergeordnet; die Kreideformation, die jünger als der Basalt zu seyn scheint, mit Thierversteinerungen, als Fortsetzung der Flötzkalkgebirge; die Steinsalzniederlagen in den aufgeschwemmten Gebirgen als Fortsetzung des Indifferenzirens in der Flötzzeit; endlich wird aber die uralte Schieferformation durch die Vegetation mittelst der Torfmoore, die uralte Kalkformation durch die Animalisation mittelst der Korallenbänke noch immer fortgesetzt.

Der Salzgehalt des Meers zeigt die im Wasser, durch sein organisches Verhältniss zum festen Lande und zur Luft, sich zeigenden Spuren der magnetischen Differenz.

Die ganze Erde wird durch den lebendigen Organismus in einem organischen Zwange gehalten. Alle Elemente, die Veränderungen der Atmosphäre, die Beschaffenheit der Erdoberfläche, die Natur des Wassers, die Erscheinungen des Feuers, sind, was sie sind, durch den organischen Zwang. In einer jeden Epoche ist die Art des Erscheinens aller Elemente eine andere gewesen. So war in der Urzeit die Luft die relativ-reinste Spannung der Hydrogenisation, das feste Land die reinste Spannung der Oxydation; je organischer aber ein Glied der Gegensätze, desto organischer auch die andern.

Auch in der jüngsten organischen Epoche der Erde giebt es Reduktionen, derjenigen der Porphyr- und Basaltformation analog. Da die Organisation die herrschende ist, so mußte diese Bildung, wie alle Massenproduktion, zurückgedrängt seyn; ferner, da die Verbindung des Stickstoffs und Kohlenstoffs durch die höchste Individualität organischer Bildung, im Ganzen wie im Einzelnen, inniger und genauer geworden ist, so mußten jene Massen metallischer, und dem Innersten der Erde entsprechender seyn, und sich zum Basalt, in Rücksicht der Metallität, verhalten, wie dieser zum Porphyr. Es sind jene großen metallischen Massen, die in mehrern Ländern vorkommen, und wovon einige, wie die Eisenmasse in Siberien, durch eingeschlossene, dem Olivin ähnliche Fossilien, ihre Verwandtschaft mit dem Basalt deutlich genug offenbaren.

Der Keim der Reduktion zum starren Gegensatz liegt in einer jeden Organisation verborgen, sowohl als im Totalorganismus der Erde, und bricht bei dem Untergange der einzelnen Organisationen, oder, was daſſelbe iſt, bei dem Uebergange der innern Spannung zur äuſsern, immer hervor. Daher der Eiſengehalt des Bluts, daher die Menge des Eiſens in den Flötz- und aufgeſchwemmten Gebirgen, die noch immer erſcheint, nachdem die übrigen Metallproduktionen verdrängt ſind, und die auch jetzt beſtändig in den Torfmooren abgeſetzt wird.

Das Eiſen iſt nicht als ſolches im Blute.

In der Epoche der herrſchenden Organiſation ſind alle Verhältniſſe der Erde geſelliger geworden; der äuſsere Streit der Elemente iſt im Mittelpunkte der Seele innerlich geſchlichtet; der wilde Kampf einander äuſserlich vernichtender Kräfte hat aufgehört. Ein jedes Einzelne, indem es die Widerſprüche der alten Zeit in der Harmonie eines eigenthümlichen Daſeyns vereinigt hat, iſt ſelbſt das Ganze, und die, in ferne und unendliche Epochen zurückgewieſenen äuſserlich einander bekämpfenden Elemente vermögen nur ſcheinbar die tiefe Ruhe der mit ſich ſelbſt einig gewordenen Erde zu ſtören. Durch den harmoniſchen Wechſel der Tages- und Jahreszeiten, durch das Gebähren, Wachſen und Gedeihen der lebendigen Formen, durch das Leben und durch den Tod des Einzelnen feiert die Erde ihre Verſöhnung mit ſich ſelbſt; die alten Kämpfe, wilden Träumen gleich, verſchwinden in dieſem Erwachen der beſonnenen Natur, offenbaren in ſich ſelbſt die heitern Bewegungen der im Ganzen lebendigen Erde; die innere Sonne iſt aufgegangen, und überall will die heilige, das Einzelne wie das Ganze pflegende, innerlich inwohnende Liebe hervorbrechen.

Die Offenbarung der Liebe iſt die Geſchichte, die höchſte individuellеſte Organiſation die Ethik, und der göttliche Menſch der verſöhnende Mittler zwiſchen Natur und Gott, in deſſen unwandelbarem Daſeyn und heiliger Anſchauung, Materie und Geiſt, Freiheit und Nothwendigkeit, beſonderes und allgemeines Leben, ihre ewige Vermählung feiern.

7.

Die Wärme tritt eben ſo wenig, wie das Licht und die Schwere, jemals aus ihrer Identität heraus. Als Temperatur der Erde und der einzelnen Organiſationen offenbart ſie die Einheit des Lebens, im Ganzen wie im Einzelnen, als vollkommene nie geſtörte Aſſimilation; ſie iſt daher der Schwere eben ſo nahe verwandt wie dem Lichte, dem Kohärenten eben ſowohl wie dem Nicht-kohärenten eigen, und ſtellt die Indifferenz alles Organiſirten und die Intenſität (das Gediegene) des individuellen Lebens dar, ſo wie die Schwere die Intenſität des univerſellen Lebens.

Keine Thätigkeit in der Natur tritt für ſich hervor; alle Thätigkeit iſt vielmehr innerlich identiſch mit einem Leidenden, alles ſich Abſondernde, Iſolirende mit einem Allgemeinen verknüpft, und durch die Identität beider bildet ein jedes ſich Iſolirende ein eigenes Leben.

Was die Thätigkeit in der Natur iſolirt, iſolirt auch die Wärme, und ein als iſolirt thätig ſich Abſonderndes wird ſofort eine Quelle ſinnlich hervortretender Wärme.

Wo eine iſolirte Thätigkeit ſich in das Allgemeine verliert, verliert ſich die Wärme: wird latent.

Da durch die Kohärenz das Einzelne in ſich iſt, ſo wird durch einen Kohäſionsakt Wärme erzeugt.

Da durch die Kohäſionsloſigkeit das Einzelne ins Allgemeine aufgenommen wird, ſo muſs durch die Kohäſionsverminderung Wärme verſchwinden.

Die Wärme an ſich (die Temperatur) iſt die Identität der beſondern Wärmeerzeugung und der allgemeinen Wärme.

Da die Wärme die unmittelbarſte Verknüpfung des Allgemeinen mit dem Beſondern iſt, ſo ſind alle Körper der Erde, inſofern ſie ſich im Beſondern oder Allgemeinen, oder organiſch, in der relativen Identität beider, abſondern, in einer gemeinſchaftlichen Oscillation begriffen, die äuſserlich unabhängig iſt von aller ſpecifiſchen Qualität, durch ihre Tendenz ſich ſelbſt zu vernichten (eine gleichförmige Temperatur hervorzurufen), den bloſsen Schein ihres Daſeyns unmittelbar offenbart, und *als* Oscillation nur für das ſich relativ-Abſondernde, nimmermehr für das Ganze, da iſt.

Wenn zwei ſtarre Körper gegen einander gerieben werden, ſo entſteht Wärme, und zwar ſo: Es wird erfordert, daſs zwei ſtarre Körper (zwei Metalle z. B.) die gegen einander gerieben werden, von verſchiedener Kohärenz ſind. Sie ſetzen alſo in ſich wechſelſeitig Kohäſionserhöhung und Verminderung, und da fich ein jeder Körper beftrebt, fich in feiner Kohärenz zu erhalten, fo wird die relativ-hervortretende Aktivität auf die Seite desjenigen Körpers gefetzt, der fich in feiner Kohärenz erhöht. Aber keine Aktivität ift ifolirt. So wie in einer Rückficht die Aktivität fich ifolirt, mufs fie in einer andern Rückficht fich als univerfell offenbaren. Diefes gefchieht, indem der Körper eine Quelle der Wärme wird. Indem er aktiv wird, leitet er die Wärme aus allen Körpern zu fich, oder, damit wir uns eigentlicher ausdrucken, der Aktivität in ihm entfpricht eine verhältnifsmäfsige Paffivität in allen übrigen Körpern, die nur defshalb, weil die aktive Leitung von einer unendlichen Peripherie gegen ein endliches Centrum gefchieht, nie bemerkbar wird. Ift der Gegenfatz felbft innerhalb einer engen Sphäre des Starren, Leitenden; fo ift es klar, dafs der fich in feiner Kohärenz relativ vermindernde Körper nicht mit lebendiger Receptivität dem andern das Empfangene wiedergeben kann, dafs vielmehr, weil alle äufsere Körper gröfsere Receptivität haben, die empfangene Wärme dem Univerfellen wieder anheim fallen mufs, und zwar den benachbarten Körpern bemerkbar, da jetzt die Wärme aus einem endlichen Punkte ausftrömte.

Die Reibung fetzt in einem Körper diefelbe Ifolirung der Aktivität, nur durch äufsern Zwang, die durch die Oxydation, nur durch innere Aufforderung, gefetzt wird.

Durch eine jede Verbrennung (Oxydation) wird Wärme erzeugt, durch eine jede Schmelzung (Hydrogenisation) verschwindet Wärme.

Die Wärme an sich (die Temperatur) ist die Indifferenz des beweglichen Gegensatzes, unter der Potenz des Lichts, insofern dieser den entgegengesetzten starren ganz in sich aufgenommen hat.

Eine jede Wärmemittheilung an einem Körper ist eine Aufforderung, seine Thätigkeit zu isoliren. Bei den Metallen, und zwar desto stärker, je gediegener sie sind, ist, weil bei ihnen der starre Gegensatz vorwaltet, die östliche Abweichung des Kohlenstoffs mit einer westlichen des Stickstoffs, die individualisirende Oscillation mit der universalisirenden unmittelbar verbunden; die hierdurch entstehenden Oscillationen, die bei den edelsten Metallen bis ins unendlich Kleinste gehen, heben sich wechselseitig auf, und die Wärme wird progressiv fortgeleitet, mit einer Schnelligkeit, die mit der gediegenen Metallität in geradem Verhältnisse steht.

Die Oscillation, durch welche die Wärme in den metallischen Körpern fortgeleitet wird, sondert einen jeden unendlich kleinen Theil in einem unendlich kleinen Moment von der Masse ab, und giebt ihn dieser wieder; wenn daher, durch die Politur daran verhindert, kein einzelner Theil der Metallmasse, sondern nur das Ganze die Wärme fortleiten kann, ſo wird dadurch die Oscillation ſelbſt relativ iſolirt, und das Metall ein ſchlechterer Leiter. Das Phänomen der langſamern Leitung einer ganzen ſpieglichten Metallfläche iſt das der Reflexion ſtrahlender Wärme. Wenn die Oberfläche rauh wird, d. h., wenn einzelne Theile für ſich fortleiten können, ſo hört jene relative Iſolation der Wärme auf.

Durch die Oxydation zerfällt das Metall in ſich, und das Zerreibliche zeigt das Beſtreben eines jeden unendlich kleinen Theils der Maſſe, in ſich, und nicht im Ganzen, zu kohäriren. Daher iſt ein oxydirtes Metall ein ins Unendliche, nicht bloſs Zertheilbares, ſondern wahrhaft Zertheiltes; denn wären jene kleinſten Theile nicht wiederum zerreiblich, alſo zertheilt, ſo beſtünde das Metalloxyd aus einer Menge gediegener Körner, und wäre durch die öſtliche Abweichung nicht ſpecifiſch von dem gediegenen Metall getrennt worden. Der Akt dieſes Zerfallens iſt ein Wärme-Erregungsakt.

Das Zerbrechen und Pulveriſiren eines Körpers iſt dem chemiſchen Zerfallen in ſich entgegengeſetzt. Jenes die Gewalt einer äuſsern, ihrer Natur und ihren Graden nach unbeſtimmbaren Kraft, die ſich in einer äuſsern endlichen Zertheilung endigt, dieſes eine ſpecifiſche beſtimmte Kraft (Qualität), die von innen heraus in einer unendlichen Zertheilung ſich verliert.

Durch das Schmelzen verliert ein jeder unendlich kleiner Theil der Maſſe ſein beſonderes Seyn relativ, und wird im Ganzen aufgenommen. Beim Schmelzen wird die Wärme latent.

Durch das Schmelzen und Verbrennen werden die Faktoren der Wärme ſcheinbar — für das Einzelne — getrennt.

Wenn das Maximum des Zerreiblichen durch eine Oxydation erreicht iſt, wird das Ganze, indem alle Theile ſich wechſelſeitig durchdringen, als ein Beſonderes geſetzt — durch die glaſige Struktur. — Mit dieſem Hervortreten des Beſondern iſt die Oscillation der Wärmemittheilung bis zu einem Minimum herabgeſetzt — die glaſigen Foſſilien ſind ſchlechte Leiter.

Wenn das Maximum des Flüſſigen durch Hydrogeniſation erreicht iſt, wird alles Einzelne als ein Allgemeines geſetzt — durch die Gasform. Mit dieſem Hervortreten des Allgemeinen iſt die Oscillation der Wärmemittheilung bis zu einem Minimum herabgeſetzt — die gasförmigen Körper ſind ſchlechte Leiter.

Die fortſchreitende Bildung der Gebirge durch zunehmende Spannung der Oxydation und Hydrogeniſation iſt eine ſcheinbare Trennung der Wärmeerregung und Kapacität.

Die eigenthümliche Wärme eines Körpers steht mit seiner östlichen oder westlichen Abweichung in einem geraden Verhältnisse.

Je geringer die ursprüngliche eigenthümliche Wärme eines Körpers, desto intensiver in Beziehung auf ihn die Oscillation, welche, komparativ mit andern Körpern, eine gleichförmige Temperatur zwischen ihnen hervorrufen soll.

In einem jeden auch anorgischen Körper ist eine ursprüngliche Identität der Wärmeerregung und Kapacität = seiner Temperatur, nur scheinbar passiv, und der totalen Spannung untergeordnet.

Das Erwachen der organischen Verhältnisse in der Geschichte der Erde ist zugleich ein Hervortreten einer eigenthümlichen lebendigen Temperatur. Wo die Spannung der Oxydation und Hydrogenisation eine innere geworden ist, ist es auch ihre Indifferenz, die Temperatur.

Die Intensität der innern Spannung der Organisation steht mit ihrer Abhängigkeit von der äussern totalen in einem umgekehrten Verhältnisse.

Der Tages- und Jahreswechsel ist ein Wechsel der äussern Spannung unter der Potenz der vorwaltenden Organisation.

Der Tageswechsel ist eine hervortretende innere (organische) Spannung in der äussern; daher äuſsert er ſich am ſtärkſten in den Organiſationen ſelbſt, und iſt anzuſehen als ein Wechſel zwiſchen Animaliſation und Vegetation.

Der Tag iſt eine herrſchende Animaliſation in der totalen Spannung — eine organiſche Oxydationsſpannung. Daher die Sauerſtoffentwickelung der Pflanzen und das intenſivere Leben der Thiere, welches, der innern Bedeutung nach, Eins iſt mit dem Hervortreten des Lichts und der Gewalt des individuellen Lebens des Einzelnen auf der Erde überhaupt.

Der Tag iſt ein organiſcher Wärme-Erregungsproceſs.

Die Nacht iſt die herrſchende Vegetation in der totalen Spannung, eine organiſche Hydrogeniſationsſpannung. Daher die Waſſerſtoffentwickelung der Pflanzen und das Hervortreten des vegetativen Lebens der Thiere (im Schlafe), welches, der innern Bedeutung nach, Eins iſt mit dem Verſchwinden des Lichts und dem Zurücktreten der individualiſirenden Gewalt der Erde.

Die Nacht iſt ein organiſcher Wärme-Kapacitätsproceſs.

Der Jahreswechſel iſt ein Wechſel zwiſchen der herrſchenden innern und äuſsern Spannung, zwiſchen dem Organiſchen und Anorgiſchen.

Der Winter ist die hervortretende äussere Spannung: daher herrschende Oxydation des Festen und Hydrogenisation der Luft. Daher auch die Erstarrung des indifferenten Wassers als eine noch in der organischen Epoche sich zeigende Spur jener uralten Gewalt, die das Wasser differenzirte.

Der Winter ist ein relativ-hervortretender Wärme-Erregungsprocess, der nur desshalb für die einzelnen Organisationen als Kälte erscheint, weil sie selbst von der allgemeinen Sphäre der Wärmeerregung ergriffen sind, und also mit dem Ganzen aktiv leiten.

Der Sommer ist die hervortretende innere Spannung, daher herrschende Oxydation der Luft und Hydrogenisation des Festen. Sie ist das Analogon der organischen Epoche, wie der Winter dasjenige der chemischen.

Der Sommer ist ein relativ-hervortretender Wärme-Kapacitätsprocess.

Der Oxydationsprocess des Winters und der Hydrogenisationsprocess des Sommers bestimmen sich wechseitig, und die Sonne bewirkt nicht unmittelbar, sondern durch den lebendigen Wechsel der Faktoren der irdischen Erregbarkeit, die Wärme des Sommers.

Der Gegensatz von Tag und Nacht, Winter und Sommer, ist für die ganze Erde von keiner Bedeutung; ein jeder Tag hat ſeine Nacht, ein jeder Winter ſeinen Sommer gegen ſich. Dieſe ſcheinbare äuſsere Spannung iſt alſo eine innere, der Gegenſatz nicht reell, und in der Identität dieſes Gegenſatzes ſelbſt wird die eigenthümliche Temperatur, oder, was daſſelbe iſt, das organiſche Leben der Erde angeſchauet.

Die höhern Thiere unterliegen am deutlichſten dem Tageswechſel, weil in ihnen der Gegenſatz von Animaliſation und Vegetation ein innerer geworden iſt; die niedern Thiere und Pflanzen unterliegen mehr dem Jahreswechſel, weil ihre Organiſation eine zum Theil innere, zum Theil äuſsere Spannung aufweiſt. Die Abhängigkeit von dem Jahreswechſel ſteht alſo mit dem Hervortreten der Individualität in einem umgekehrten Verhältniſſe.

Das Feuer iſt das Erſcheinen der individualiſirenden Thätigkeit, als einer ſolchen.

Das Erſcheinen der abſondernden Thätigkeit unter der Potenz der Maſſe (des Produkts) iſt ein bloſser Oxydation- und Wärme-Erregungsproceſs.

In den Epochen der herrſchenden äuſsern Spannung verbirgt ſich das Licht in der Maſſe. Daher keine Spur von Feuer in den alten Gebirgen.

In der Epoche der herrſchenden organiſchen Spannung erſcheint das Licht theils innerlich als Leben, theils äuſserlich als Flamme.

Das Licht kann nur erscheinen, indem es durch Differenzen getrübt wird.

Flammen und Farben sind nur durch das Uebergewicht der Potenz des Starren und Beweglichen von einander verschieden. Farben sind unendlich kleine, daher nicht bemerkliche Oscillationen des Beweglichen, von der Ruhe einer Existenz bezwungen; Flammen sind hervortretende Oscillationen des Ruhenden, von dem Beweglichen bezwungen.

Die rothen Farben und Flammen sind wärmeerregend und oxydirend, die blauen und violetten Farben und Flammen hydrogenisirend, und machen die Wärme relativ latent. Es ist der hervortretende Gegensatz des Allgemeinen und Besondern auf der Seite der individualisirenden Thätigkeit.

Die Farben und Flammen sind von dem Sehen nicht verschieden, so wie die Wärmeveränderungen von dem allgemeinen Gefühle der Organisation nichts Verschiedenes sind. Alle Farben und Flammen bilden ein identisches Licht, alle Wärmeveränderungen eine gemeinschaftliche Temperatur. Es ist die äussere Spannung des Getrennten, die als eine innere Spannung des ewig Vereinigten und Einen in Beziehung auf ein abgesondertes Leben hervortritt, indem die qualitativen Differenzen selbst sich als quantitative offenbaren, und ihr gemeinschaftliches Leben in dem Mittelpunkte eines individuellen Daseyns gefunden haben und erkennen.

Das Feuer ist das Erscheinen der hervortretenden Seele der im Ganzen belebten Erde in einer individuellen Organisation; es wird daher mit dem allgemeinen innern Sehen, als dem ideellsten Sinne, Eins.

Die Wärme ist das Erscheinen des hervortretenden beseelten Leibes der ganzen Erde in einer individuellen Organisation, die daher mit dem allgemeinen innern Gefühl, als dem reellsten Sinne, Eins wird.

8.

Das Verhältnifs der Erde zur Sonne ift durchaus ein lebendiges, und alle Einwirkung der Sonne auf die Erde durch die eigene Erregbarkeit diefer vermittelt. Alle Bewegungen der Erde um die Sonne und die Richtungen diefer Bewegungen find alfo zugleich Bewegungen der Erde in fich, und nichts vermag fich auf der Erde zu regen, was nicht, indem es in fich eigene Oscillationen einfchliefst, zugleich der Potenz jener lebendigen Oscillationen der ganzen Erde unterläge.

Indem die Erde als ein Lebendiges angefchauet wird, ift, wie im Organismus, ihr Leben nur dadurch ein harmonifches, dafs die ifolirten Funktionen, indem fie getrennt vereinigt, indem fie vereinigt getrennt find.

Die Schwere ift durchaus für fich, und fchlechthin das Ganze, und es giebt nichts, was nicht in der Einheit der Schwere auch der Erde wäre. Je intenfiver die Schwere eines Einzelnen, defto unabhängiger ift diefes felbft von aller Veränderung, defto tiefer, felbft in der Erfcheinung, die Ruhe feines univerfellen Dafeyns.

Das Licht ift durchaus für fich und fchlechthin das Ganze, und es giebt nichts, was nicht in der

Einheit des Lichts, auch für die Erde wäre. Je intensiver das Licht in einem Einzelnen inwohnt, desto unabhängiger ist dieses selbst von aller Veränderung, desto tiefer, selbst in der Erscheinung, die Ruhe seines individuellen Daseyns.

Die Schwere und das Licht sind ewig beisammen als dasselbe, aber unvermittelt, und daher giebt es keinen Uebergang von jener zu diesem, keine endliche Geburt des in sich Lebendigen (isolirt-Organisirten) aus dem universell-Lebendigen (scheinbar-Todten), und ein jeder Versuch, das Organische, durch eine endliche Vermittelung, aus der Masse entspringen zu lassen, ist jenem Grundirrthum ähnlich, der eine Anschauung, ein Erkennen, durch Erklärungen vermitteln will, welche falsche Richtung des verirrten Verstandes von Rechtswegen eine aequivoque Generation des Erkennens genannt werden kann.

Nicht allein der Totalorganismus, sondern auch eine jede Sphäre der Organisation (eine jede wahre Gattung), setzt, wie das Bewufstseyn, sich selbst ewig voraus, schneidet dadurch alle äussere Vermittelung und Begründung auf immer ab, und ist, wo sie ist, ganz, also ewig.

Alle Oscillationen und relative qualitative Verhältnisse der Erde gegen einander, zeigen die lebendige Relation der individuellen Erde zur Univerfalität des Planetenfyftems (ihre Erregbarkeit), und rufen daher in allen einzelnen Theilen durch äufsere und innere Spannung Wechfelverhältniffe hervor, die das Bild der totalen Relation aus einem jeden Dinge zurückwirft.

Das Bild der innern Oscillation, äufserlich angefchauet, ift der Chemismus.

Die Relationen des Chemismus verfchwinden in der Totalorganifation der Erde.

Die Maffenverhältniffe der Erde ftehen der Reproduktionskraft der ifolirten Organifation, der Totalorganismus der Senfibilität, der Chemismus der Irritabilität gegenüber, und zwar fo, dafs die Chemie der fcheinbar-anorgifchen Natur mit den unwillkührlichen, die Chemie der organifchen Natur mit den willkührlichen Bewegungen des organifchen Lebens verglichen werden kann.

Alle Bewegungen der Erde um die Sonne, und die Richtungen diefer Bewegungen, find zugleich Bewegungen der Dinge gegen einander und beftimmte Richtungen diefer Bewegungen.

Morgen, Mittag, Abend und Nacht, Frühling, Sommer, Herbft und Winter, die Quadruplicität der grofsen Epochen, find zugleich relativ-hervortretende Spannungsverhältniffe der Erde, und indem einzelne Dinge durch wechſelſeitigen Zwang eigene Sphären der thätigen Quadruplicität bilden, müſſen ſie doch zugleich jener Potenz der gemeinſchaftlichen Oscillation relativ unterliegen.

Der Magnetismus, als das Starrſte, und die Luft, als das Beweglichſte, geben in ihrer Spannung gegen einander die leichteſten Oscillationen an, und zeigen durch die Korreſpondenz ihrer Bewegungen, daſs der uralte Bund zwiſchen dem Starren und Beweglichen und ihre äuſsere Spannung noch nicht verſchwunden iſt, ſondern alles Leben der Erde gemeinſchaftlich umſchlieſst.

Die magnetiſche Linie der Erde iſt die unbeweglichſte, und Alles, je nachdem es in die oſt-weſtliche Spannung aufgenommen worden iſt, nimmt an einer Abweichung Theil. Die Magnetnadel, die jener ſtarren Spannung unterliegt, aber zugleich, in die Atmoſphäre eingetaucht, die bewegliche Oscillation offenbaren muſs, giebt daher das ruhigſte Maaſs aller Bewegungen, weil die übrigen Dinge der Welt, von der Gewalt der Bewegungen ergriffen, das totale Maaſs mehr oder weniger verloren haben.

Der wahre Südpol der Magnetnadel zeigt nach dem ſtarren Nordpol des Totalmagneten hin, und offenbart alſo die unbeweglichſte Richtung der nördlichen Hälfte der Erde (iſt das relativ-Reducirteſte); der wahre Nordpol der Magnetnadel, als der abgeſtoſsene, alſo relativ-freie, unterliegt der Spannung der ganzen Erde, zeigt daher die öſtliche Abweichung der nördlichen Hälfte der Erde. Die ſcheinbar weſtliche Abweichung der Magnetnadel iſt alſo eine wahrhaft öſtliche der nördlichen Hälfte der Erde, deren Maaſs uns die Magnetnadel angiebt. Von der ſüdlichen Hälfte der Erde gilt alles das Geſagte völlig umgekehrt.

Die öſtliche Abweichung der nördlichen Hälfte der Erde offenbart ſich nicht allein durch die Ueberhandnahme des feſten Landes gegen Norden, ſondern auch durch allerhand merkwürdige Erſcheinungen. So iſt in unſerer ganzen chemiſchen Anſicht jene Potenz der öſtlichen Abweichung das Herrſchende. Daher die Mannichfaltigkeit der kohärenten Metalle und das Hervortreten der Trappformation gegen Norden; daher die Einſeitigkeit der Oxydation bei den kohärenten Metallen, da die nicht-kohärenten relativ-hydrogeniſirteſten auch von der Oxydation ergriffen werden; daher die Mannichfaltigkeit der Säuren gegen die wenigen Alkalien; daher endlich das beſtimmte bewundernswürdige Uebergewicht der Oxydation im Galvanismus.

Da das urſprünglich ſüdliche Princip in ſeiner Trennung richtungslos iſt, ſo zeigt ſich das Vorwalten dieſes Princips durch die Ueberhandnahme der Indifferenz gegen Süden — durch das Uebergewicht des Waſſers.

Der Winkel der Ekliptik gegen den Aequator kann als Maaſs der Spannungsverhältniſſe der Erde im Ganzen angeſehen werden. Das Minimum der Schiefe der Ekliptik zeigt die Gewalt der oſt-weſtlichen Spannung, alſo das Maximum der Abweichung und der Abnahme des Waſſers im Ganzen; das Maximum der Schiefe die Gewalt der nord-ſüdlichen Spannung, alſo das Minimum der Abweichung und das Zunehmen des Waſſers.

Die Barometerveränderungen in Verbindung mit den Thermometerveränderungen, zeigen in der Luft, wie die Abweichung der Magnetnadel auf dem feſten Lande, das Maaſs der Spannungsverhältniſſe — nur, weil hier die in unendlich groſsen Zeitmomenten, und die in unendlich kleinen oscillirenden Epochen mit allen ihren Zwiſchenſtufen auf eine verworrene Weiſe in einander greifen, auf eine undeutliche Art.

Das Steigen des Barometers beweiſt eine zunehmende Spannung ſowohl der Oxydation als Hydrogeniſation, das Sinken des Barometers eine Abnahme der Spannung oder Waſſerbildung.

Die Oscillationen des Barometers ſind deutlicher in kleinen Epochen, und wo dieſe vorwaltend ſind, verworrener in groſsen; die Abweichung der Magnetnadel iſt umgekehrt verworrener in kleinen, und deutlicher in groſsen Epochen und wo dieſe herrſchend ſind.

Die Oscillationen der Magnetnadel durch eine Abweichung von, und ein Zurückkehren zu der horizontalen Linie zeigen die Intensität der Spannung der Nadel in sich, das Phänomen der Abweichung überhaupt, die relative Theilnahme an dem ostwestlichen Spannungswechsel der ganzen Erde, die Inklination aber, ihr Seyn in der starren und unbeweglichen magnetischen Achse selbst. Daher zeigen sich die erst genannten Oscillationen in sehr kleinen, die Oscillationen der Abweichung in grösseren, die der Inklination in den gröſsten Momenten.

Die magnetische Spannung nimmt gegen beide Pole zu, und zeigt durch die Magnetnadel die noch herrschende Metallität der ganzen Erde, die durch die Trennung des festen Landes und der Luft und durch das dazwischentretende, sich in beide einbildende Glied der Indifferenz nur relativ zurückgedrängt wird.

Da die Luft, als das abgesonderte Richtungslose der Erde, einer jeden gegebenen Richtung unterliegt, so ist sie die Stätte des beweglichsten Gegensatzes.

Unter Aequator findet das intensivste Hineinbilden des Lichts in der Schwere statt; daher ist die Spannung der Oxydation und Hydrogenisation, als eine Spannung der Animalisation und Vegetation, hier die vorwaltende.

Der Tageswechsel, als ein Wechsel zwischen Animalisation und Vegetation, ist unter Aequator der herrschende; daher treten hier alle Phänomene des Tages am reinsten hervor, daher sind hier die täglichen Barometerveränderungen am deutlichsten, die magnetischen Oscillationen weniger intensiv.

Die gröſsere Wärme des Tages beweist ein relatives Hervortreten des Oxydationsprocesses der innern Spannung, die gröſsere Kälte der Nacht ein Hervortreten der Hydrogenisation. Das Steigen des Barometers und Thermometers von Morgen gegen Mittag beweist also eine zunehmende Spannung der Oxydation unter der Potenz des isolirten Organismus: daher wärmeerregend für einen Jeden. Das Steigen des Barometers und Sinken des Thermometers von Abend bis gegen Mitternacht aber eine zunehmende Spannung der Hydrogenisation unter der Potenz des isolirten Organismus: also kälteerregend für einen Jeden. Das Sinken des Barometers um den Mittags- und Mitternachtspunkt ist das Uebergehen von einem Maximum der einen Spannung zum Minimo der entgegengesetzten: also ein relatives organisches Uebergewicht der Indifferenz. Die Hitze bleibt nach Mittag, die Kälte nach Mitternacht als eine Nachvibration bei abnehmender Spannung, also selbst mehr hervortretend, zurück. So zeigt auch die westliche Abweichung der Magnetnadel am Vormittag eine östliche Abweichung der Erde, die östliche Abweichung derselben am Nachmittag die westliche Abweichung der Erde, das Stillstehen der Magnetnadel um Mittag und Mitternacht aber die Indifferenz der oſt-weſtlichen Spannung, und Barometer und Magnetnadel bezeichnen auf die bedeutendſte Weiſe das Nämliche.

Im geraden Verhältniſſe mit der Entfernung vom Aequator tritt die Gewalt des Jahreswechſels, als ein Wechſel zwiſchen äuſserer und innerer Spannung, zwiſchen Leben und ſcheinbarem Tode hervor; der Tageswechſel wird aber von jenem gröſsern abhängiger. Indem der Jahreswechſel, ſcheinbar ruhend in kleinern Momenten, beweglich in gröſsern, hervortritt, regt ſich allmählig der ſtarre Gegenſatz; die Barometerveränderungen werden undeutlicher, die magnetiſchen Spannungsverhältniſſe intenſiver.

Die Erde, als ein in ſich geſchloſſenes und lebendiges Ganzes, faſst in ſich die äuſsere und innere Spannung, als Eine innere und organiſche. Die relativ-äuſsere Spannung erſcheint als eine aktive Leitung, die relativ-innere als eine lebendige Receptivität; und daher iſt die ganze Erde mit einer aktiv leitenden, ſelbſt alſo in ſich erſtarrten, Winterdecke umzogen, die in der Nähe des Aequators von der Erde am entfernteſten iſt, in gleichem Verhältniſſe aber mit der Entfernung vom Aequator ſich der Erde mehr und mehr nähert.

Die Erde bewegt ſich auf eine lebendige Weiſe um die Sonne, und die Anſicht des Gravitationsſyſtems iſt nur eine einſeitige und ſubordinirte.

Die Neigung der Erde gegen die Ekliptik, durch welche sie der Sonne bald die eine, bald die andere Hälfte ihrer Kugel näher bringt, ist mit ihrem innern Spannungsverhältniss Eins. Die der Sonne näher gebrachte Hälfte entfernt relativ die aktiv leitende, in sich erstarrte, bleibende Winterdecke, und zeigt die hervortretende lebendige Receptivität = herrschende Vegetation; die von der Sonne entfernte Seite zieht jene erstarrte Decke an sich und zeigt die hervortretende Leitung.

Die Kälte des Winters entsteht, indem Alles einer äussern Leitung (einer Leitung für die Totalität der Erde) unterliegt. Der Winter ist ein hervortretender Oxydationsprocess der Erde; daher die reine Winterspannung der Luft (Steigen des Barometers) mit dem Sinken des Thermometers verbunden ist, umgekehrt die Abnahme der Spannung mit dem Steigen des Thermometers. Die scheinbar westliche Abweichung der Magnetnadel im Winter zeigt die wahrhaft östliche Abweichung der Erde.

Die Wärme im Sommer entsteht, indem Alles sich unter der Potenz einer innern Receptivität (einer Receptivität des Einzelnen im Ganzen) regt und gebiert. Der Sommer ist, im Gegensatz gegen den Winter, ein hervortretender Hydrogenisationsprocess, in sich aber eine lebendige Spannung der Oxydation und Hydrogenisation. Die reine Sommerspannung der Luft (Steigen des Barometers) ist mit einem Steigen des Thermometers verbunden, umgekehrt, die Abnahme der Spannung mit einem Sinken des Thermometers. Die ſcheinbar öſtliche Abweichung der Magnetnadel im Sommer zeigt eine wahrhaft weſtliche Abweichung der Erde.

Im Winter tritt die alte mächtige Spannung als eine eigene hervor; daher ſtarke Zwiſchenſtufen der Oscillation vom Maximo der Spannung bis zur Indifferenz. Die Wärmeerregung iſt hingegen nur für eine fremde Sphäre, und das Steigen des Thermometers beim Sinken des Barometers zeigt mehr eine Erſchlaffung der fortleitenden Spannung, als eine poſitive Wärmeproduktion.

Im Sommer entfaltet ſich, unter der Potenz der herrſchenden Receptivität, ein eigenes mannichfaltiges Leben, und die Gegenſätze der innern Spannung beſtimmen jener Receptivität ihr organiſches Maaſs; daher die Spannung überhaupt gemäſsigter, die Zwiſchenſtufen der Oscillation bis zur Indifferenz geringer; die Temperatur hingegen iſt erhöht, und indem die Gegenſätze des eigenthümlichen Lebens ſich auf mannichfaltige Weiſe unter einander bewegen, ſcheint hier die Wärme zu verſchwinden, dort zu entſtehen.

„Die Barometerveränderungen ſind im Winter „am ſtärkſten, im Sommer am ſchwächſten; die „Thermometerveränderungen ſind umgekehrt, im

„Sommer am ſtärkſten, im Winter am ſchwäch-„ſten.“

Das Leben im Sommer und ihr Gegenſatz, die Winterdecke, die ſich um die ganze Erde gelegt hat, beweiſt die Intenſität der Umkehrung des Verhältniſſes der Urzeit, indem die Receptivität und Hydrogeniſation auf der Erde heimiſch geworden iſt, die Spannung der Oxydation aber univerſell.

Wenn der Winter auf der nördlichen Hälfte der Erde herrſchend iſt, die Winterdecke ſich dort herabſenkt, auf der ſüdlichen alſo hebt, ſo wirft ſich die Indifferenz zwiſchen Winter und Sommer (die Regenzeit der Aequatorialgegenden) auf die ſüdliche Seite des Aequators; umgekehrt, wenn der Winter auf der ſüdlichen Seite herrſcht, auf die nördliche Seite, d. h., die Indifferenz der Waſſerbildung hält genau das organiſche Mittel zwiſchen beiden Spannungen.

Die Luft iſt organiſch, und die Oxydationsſpannung alſo kein poſitives chemiſches Hervortreten des Sauerſtoffs, ſo wenig als die Hydrogeniſationsſpannung ein chemiſches Hervortreten des Waſſerſtoffs. Der Sauerſtoff tritt nur deſshalb im Experimente hervor, weil das Experiment ſelbſt unter der Potenz des Beſondern ſteht; der Waſſerſtoff verbirgt ſich für die Vereinzelung des Experiments, und offenbart ſich nur auf eine univerſelle Weiſe.

Die Luft nimmt Alles in einer eigenthümlichen Potenz auf, d. h., fie affimilirt auf eine organifche Weife. Daher verfchwinden alle differente Ausdünftungen in der Homogeneität ihres Wefens, und fie bleibt allenthalben diefelbe.

Die Organifation der Luft entfpringt aus dem organifchen Zwange der jetzigen Epoche.

Alle Wafferbildung der Luft ift eine relative Abnahme ihrer organifchen Spannung.

Elektrifche Explofion der Luft ift ein Maximum der Thätigkeit (Feuerproduktion) und Uebergehen zum Minimo des Entgegengefetzten, alfo mit einem relativen Durchgehen durch die Indifferenz (mit Wafferbildung) verbunden.

Alle Witterungsveränderungen, Winde u. f. w. find organifche Verhältniffe der Spannungen und ihrer Indifferenzirung zu einander. Die fcheinbare Willkührlichkeit entfteht, indem mannichfaltige, gröfsere und kleinere Oscillationen in einander eingreifen.

Die Oscillationen des Tages und Jahres find mit der Gewalt der ifolirten Organifation Eins, indem die weftliche Abweichung des urfprünglich öftlich abweichenden nördlichen Princips, als Vegetation, und die öftliche Abweichung des urfprünglich weftlich abweichenden füdlichen Princips, als Animalifation, der uralten Richtung widerftrebt, ohne fie vernichten zu können.

Je ftärker die Epoche der Organifation hervortrat, defto mannichfaltiger wurden die in gröfsern Oscillationen eingefchloffenen kleinern — die letztern waren am undeutlichften in der uralten chemifchen Zeit.

Wie der Jahreswechfel eine Oscillation zwifchen äufserer und innerer Spannung darftellt, fo zeigen die gröfsern Epochen Wechfelverhältniffe der äufsern Spannung felbft.

Die gröfsern Oscillationen offenbaren fich durch die Ab- und Zunahme der Schiefe der Ekliptik. Auch der Tages- und Jahreswechfel ift mit einer folchen, obgleich unfcheinbaren, Ab- und Zunahme verbunden.

Wie die Pole der Erde, durch die oft-weftliche Spannung von den magnetifchen Polen abgewichen ift, fo ift auch der Aequator der Erde von dem magnetifchen Aequator abgewichen.

Die Ekliptik giebt das Maximum der nord-füdlichen Abweichung der oft-weftlichen, der Aequator der Erde das Maximum der oft-weftlichen Abweichung der nord-füdlichen Spannung; der magnetische Aequator hält das bestimmteste Mittel zwischen beiden, und der Winkel, den er mit dem Aequator bildet, beträgt also genau die Hälfte des Winkels der Ekliptik.

Der magnetische Aequator wird durch den Nullgrad der Inklination bezeichnet.

Die oscillatorische Bewegung des magnetischen Aequators geht der der Ekliptik parallel, nur ist sie unscheinbarer. An diese Bewegung ist die Totatität aller Abweichungs- und Inklinationsphänomene geknüpft, und ihre organischen Wechselbestimmungen werden in ihr erst anschaulich.

Der magnetische Aequator hat eine bestimmte Beziehung auf einen für kleinere Momente ruhenden, und nur für unendlich grosse Epochen beweglichen, also relativ fixirten, nördlich abweichenden Ost-, und einen südlich abweichenden Westpunkt.

Nachdem die Spannung der Hydrogenisation der Erde eigen geworden, ist die, durch die isolirte Organisation nur bezwungene uralte Spannung, wie vormals, noch immer bestrebt, durch Oxydationsspannung die alte Gewalt hervorzurufen — und das Wasser nimmt noch immer ab.

Der Mond, indem er durch ein Uebergewicht der reducirten Masse in den Spannungsepochen entſtanden iſt, zeigt noch immer die am meiſten hervortretende Gewalt der Maſſe.

Was in den Spannungsepochen unter der Potenz der Indifferenz oscillirt, iſt am meiſten an die Mondsbewegungen geknüpft; daher der Zuſammenhang der Ebbe und Fluth mit den Bewegungen des Mondes.

Die hervortretende Indifferenz der Spannungen iſt relativ weſtlich, die herrſchende Differenz öſtlich; daher iſt die Sonne als ein öſtliches, der Mond als ein weſtliches Princip anzuſehen.

Ein Monat kann als ein gröſserer Tag betrachtet werden, in welchem die erſte Quadratur mit dem Vormittag, der Vollmond mit dem Mittag, die letzte Quadratur mit dem Nachmittag, und der Neumond mit der Mitternacht zuſammenfällt.

Nicht allein das Meer, ſondern alles Oscillirende der Erde, zeigt Oscillationen unter der Potenz der herrſchenden Indifferenz; daher die Abhängigkeit der Witterung, der Organiſationen, kurz alles Lebens von dem Mondswechſel.

Alle Oscillationen unter der Potenz des Mondes, mit herrſchender Indifferenz, ſind an dem beweglichen Mittags- und Mitternachtspunkt erkennbar; Alles, was unter der Potenz der Sonne, mit herrſchender Differenz oscillirt, an dem fixirten Mittags- und Mitternachtspunkte.

Alle Waſſerbildung zeigt die Gewalt des Mondes.

Es giebt auch gröſsere Mondsepochen. Die achtzehnjährige Nutationsepoche iſt eine ſolche gröſsere Mondsepoche.

Die Mondsepoche verbindet die kleinern und am meiſten der innern Spannung unterliegenden Sonnenepochen mit den gröſsern, in welchen die äuſsere Spannung die herrſchende iſt. So verbindet der Monat den Tag mit dem Jahre, ſo verbindet die achtzehnjährige Nutationsepoche das Jahr mit den gröſsern Sonnenepochen.

Auch in den Mondsepochen iſt ein Wechſel von Oxydation, Hydrogeniſation und Indifferenz, nur unter der gemeinſchaftlichen Potenz der Indifferenz. Daher die Ab- und Zunahme des Winkels der Ekliptik und die ihr geſetzmäſsig entſprechende, mit der Abnahme jenes Winkels zunehmende und mit der Zunahme deſſelben abnehmende Abweichung der Magnetnadel.

Die ſeit faſt hundertundfunfzig Jahren herrſchende ſcheinbar weſtliche Abweichung der Magnetnadel beweiſt eine öſtliche Abweichung der Erde, oder eine durch alle kleinere Oscillationen sich durchwindende, allmählig zunehmende Spannung der Oxydation für das feste Land, die mit der noch immer herrschenden Abnahme des Wassers Eins ist.

Die Epochen der Oscillation im Ganzen, ihre Dauer und die Intensität ihrer Spannung lassen sich nicht aus der Beobachtung der Abweichung an einzelnen Orten, wo sie durch das relative Verhältniss zu den magnetischen und elektrischen Parallelkreisen und den Polen, bald gröſser, bald kleiner, bald schneller, bald langsamer oscillirend erscheinen kann, sondern nur aus einer gemeinschaftlichen Beziehung aller auf die Bewegung des magnetischen Aequators beurtheilen.

Auch die gröſsern Sonnenepochen haben durch eine allgemeine westliche Abweichung des festen Landes den Durchgangspunkt der zunehmenden Indifferenz hervorgerufen. Daher die bedeutenden Wasserfluthen der frühern Zeit und die Bildung der aufgeschwemmten Gebirge.

Die Geschichte zeigt zwei groſse Epochen, eine frühere der herrschenden Indifferenz, und eine spätere der noch dauernden hervortretenden Differenz; jene durch die Gewalt des Wassers, diese durch die Gewalt des Feuers bezeichnet.

Die in den kürzesten Zeitmomenten eingeschlossenen Oscillationen äuſsern sich nur in der Luft (wie die täglichen) die in gröſsern im Waſſer, indem es friert und ſchmilzt (die jährlichen); die in gröſsern Zeitmomenten hervortretenden oscilliren auch zum Theil das feſte Land.

Das Beweglichſte, am leichteſten Oscillirende des feſten Landes, iſt bezeichnet durch dasjenige, was in der relativen Kohärenz des Erſtarrten am meiſten weſtlich abgewichen iſt, d. h., durch das Reſiduum vergangener Vegetation, durch die Steinkohlengebirge. Daher in dieſen vorzüglich die Stätte der Erdbeben, der vulkaniſchen Eruptionen und aller Aeuſserungen intenſiv hervortretender Oxydation.

Die warmen Quellen, die aus Steinkohlengebirgen ihren Urſprung haben, beweiſen eine immer fortdauernde Oscillation dieſer Gebirge, ohne daſs ſie immer in einer beſtimmten Oxydation herüberginge. Nur aus einer ſolchen lebendigen, wenn gleich äuſserlich nicht ſichtbaren, Oscillation, läſst ſich die in langen Epochen fortdauernde, ſich immer gleichbleibende Temperatur ſolcher Quellen begreifen.

Vulkaniſche Eruptionen, Erdbrände und Erdbeben haben ſowohl als die feurigen Meteore der Luft ihre beſtimmten Epochen, die als Epochen hervorſtechender Oxydationsſpannung angeſehen werden müſſen.

Wo die oſt-weſtliche Richtung die herrſchende iſt, wird der Gegenſatz der Waſſer- und Feuerproduktion lebendiger. Daher in den Aequatorialgegenden häufige Gewitter und plötzliche Regengüſſe. Wo der ſtarre Gegenſatz vorwaltet, iſt die Natur gegen Waſſer- und Feuerproduktionen indifferenter, die Intenſität beider geringer, die Abwechſelung gedehnter. Daher in den nördlichen Gegenden die Nordlichter und der Nebel.

Die gröſsern Sonnenepochen ſind zugleich mit klimatiſchen Veränderungen der Gegenden der Erde verbunden, indem durch die Ab- und Zunahme der Schiefe der Ekliptik das relative Verhältniſs der oſt-weſtlichen zur nord-ſüdlichen Spannung ein anderes wird.

Die öſtlichen Länder der alten Geſchichte und die Gegenden des ſüdlichen Europa's haben durch eine öſtliche Abweichung an Wärme zugenommen, die nord-weſtlichen Länder Nordamerika's, indem ſie durch die nämliche Oscillation, in die nord-ſüdlichen Spannung hineingetreten, ſind kälter geworden.

In der vorgeſchichtlichen Zeit, wo die Gewalt der äuſsern Spannung mächtiger war, waren auch alle Oscillationen der ganzen Erde ſtärker. Daher jene Spuren vergangener ſüdlicher Organiſation in den nördlichen Ländern.

Die Bildungsepochen der Erde waren zugleich die Bildungsepochen des ganzen Planetensystems, und eine jede hervortretende Differenz der Oscillation fand ihr Maass in einem andern Planeten. So wie die Planeten in sich organischer wurden, nahm die äussere Gewalt der Planeten, ihr äusseres Spannungsverhältniss gegen einander ab, und wurde gemässigter. Daher kann die Astronomie, die unter der Potenz eines gegebenen organischen Spannungsverhältnisses der Planeten gegen einander, beobachtet, den Maasstab für die Oscillationen jener grössern Epochen nicht aufweisen.

Das Gravitationssystem ist allein organisch zu begreifen, und das Perturbationssystem zeigt die noch übriggebliebenen Spuren der äussern Spannung der Planeten gegen einander.

Die Planeten sind die relativ-organischen, die Kometen die relativ-anorgischen Weltkörper; in jenen ist die innere, in diesen die äussere Spannung vorwaltend.

Alle Oscillationen zeigen nur das relative Hervortreten der Sonnennähe oder Sonnenferne der Dinge; eine jede Epoche ist, in sich geschlossen, nicht eine Differenz, sondern Identität, keine äussere, sondern eine innere Spannung; — die Differenz ist nur für eine grössere oder kleinere Zeit, für die ganze Epoche aber die Harmonie der ganzen durch den Umlauf zurückgelegten Räume.

Der isolirte Organismus schliesst in sich alle Oscillationen der ganzen Erde, nur so, dass der Rhythmus des Umlaufs aller Oscillationen, d. h., die Einheit der Gegensätze, das unmittelbar-Gegebene ist; daher die nach innen geworfene Unendlichkeit aller Spannungen und Verhältnisse, die in dem Weltkörper und im Universum bis ins Unendliche auseinandergelegt und entfaltet sind.

Der organische Rhythmus aller Spannungsverhältnisse der Erde läst sich in den ihnen entsprechenden kosmischen Bewegungen der Erde schauen. So fällt die tägliche Bewegung mit der Bewegung der Erde um ihre Achse (ihre lebendige Bewegung in sich) zusammen, der Jahreswechsel mit der Bewegung der Erde um die Sonne, durch welche sie bald mehr in der Sonne (organischer), bald mehr in der Masse (anorgischer) ist, und die grösern Epochen mit dem Spannungsverhältnisse aller Planeten unter sich (das Uebergewicht der äusern Spannung auf einem jeden Planeten wie im ganzen System) durch die Ab- und Zunahme der Schiefe der Ekliptik. Endlich ist es wahrscheinlich, dass das Fortrücken der magnetischen Knoten (der Durchschnittspunkte des magnetischen und Erdäquators) mit dem Fortrücken der Apsidenpunkte zusammenfällt und eine tellurische und kosmische Epoche bildet, deren Oscillationen, in einer endlichen Zeit kaum bemerkbar, tiefere Blicke in die Bildungsgeschichte der Erde noch enthüllen mögen.

Alle Verhältnisse des Universums stellen in jedem Momente die ewige Organisation in einem unendlichen Raume dar. Ein jedes äussere Spannungsverhältniss der Erde stellt die ewige Organisation (die Idee), nur in einer unendlichen Zeit, dar. Nur die dimensionslose Vernunft vermag das ewig-Ruhende des Raums und das ewig-Bewegliche der Zeit als Eins zusammenzufassen, und so in der Natur nichts als die in sich selbst lebendige, unwandelbare Idee zu schauen.

9.

Durch die allgemeine organiſche Spannung iſt in einer jeden iſolirten Organiſation die innere Spannung zugleich eine äuſsere; — die innere begründet das abgeſonderte Leben — die organiſche äuſsere das allgemeine Leben, und beide ſind durchaus Eins. Nun iſt das Leben, unter der Potenz der Univerſalität, in welchem die äuſsere Spannung ſelbſt als eine innere erſcheint, die Vegetation; das Leben, unter der Potenz der Individualität, in welchem die innere Spannung als eine äuſsere erſcheint, die Animaliſation, ſo daſs die Quelle des vegetativen Lebens in der relativ-getrennten Univerſalität, die Quelle des animaliſchen Lebens in der iſolirten Organiſation ſelbſt begründet ſcheint. Was aber in ſich ſelbſt begründet iſt, iſt ewig; daher iſt ein jeder Typus der Organiſation ewig, und man kann von ihr nicht als von einem Entgegengeſetzten und in ihr von keinem Gegenſatze ſprechen; ſelbſt jene innere Spannung iſt nur Schein, und die beſtimmte Form der Organe in einer jeden Organiſation, druckt das ruhige, unwandelbare Zuſammenſeyn des Getrennten in der Vereinigung, und umgekehrt, aus. Dasjenige, was in einem lebendigen Leben iſt, iſt alſo ſchlechthin ewig, in ſich begründet, unabhängig; auch die beſtimmte Form des Lebens, als von dieſem unzertrennbar, iſt unwandelbar und keinem Wechſel unterworfen. Nur das Leben, insofern es erscheint, ist, indem es in sich ist, doch auch nicht in sich, sondern in jener Totalität aller Erscheinungen, die, durch den wechselseitigen Zwang sich als eine solche setzend, den Zwang selbst, den Schein und die äussere Abhängigkeit der Dinge wieder vernichtet, und durch das lebendige Seyn des Ganzen auch das des Einzelnen wiederherstellt. So wie also in der Organisation Alles Ruhe, Aufhebung aller Gegensätze, unwandelbares Daseyn ausdruckt, so ist für den Schein Alles beweglich, Alles Wechsel der Gegensätze, Alles veränderlich, in jedem unendlich kleinen Momente bis in die unendlichste Tiefe des Daseyns, in jeder grössern Epoche auch für immer grössere Sphären der Organisation; und jener Schein des Werdenden und Beweglichen ist eben die Offenbarung des ewig-Ruhenden und nie Veränderlichen, weil es die unmittelbarste Anschauung der Relativität aller Gegensätze und der Nichtrealität alles Wechsels ist.

Durch das erscheinende Daseyn wird die Animalisation und Vegetation auseinander gehalten, doch so, dass in beiden beides eingebildet ist.

Das Graduelle in der Fortbildung der Organisation ist nur für den Schein; an sich sind alle Grade als eine Potenz in einer jeden Organisation, und in einem jeden Organ einer jeden Organisation gesetzt.

Durch das erscheinende Daseyn wird auch in einem jeden eigenthümlichen Typus der Organisation der Gegensatz der Animalisation und Vegetation gesetzt, und, wie im Totalorganismus, durch das Leben an sich wieder vernichtet.

Das Vegetative (die Reproduktion) erscheint mit äusserer Mannichfaltigkeit der Organe (der Produkte) und innerer Einheit der Funktionen, das Animalische (die Sensibilität) mit äusserer Einheit der Organe und innerer Mannichfaltigkeit der Funktionen.

Organisation der Funktionen ist Animalisation; Organisation der Produkte, Vegetation.

Wo die Sensibilität herrscht, ist die Receptivität äusserlich und die Thätigkeit innerlich; wo die Reproduktion herrscht, umgekehrt: die Thätigkeit äusserlich, und die Receptivität innerlich.

Wo die Sensibilität hervortritt, ist relative Ruhe des individuellen Daseyns; daher die Ruhe der Sinne in ihrer äussern Empfänglichkeit.

Wo die Reproduktion hervortritt, ist relative Ruhe des universellen Daseyns; daher die Ruhe des Pflanzenlebens in seiner innern Empfänglichkeit.

Die Irritabilität ist das Hineinbilden der Sensibilität in die Reproduktion, und umgekehrt. Sie erscheint daher in beiden Potenzen der Organisation, und wird, indem sie *in* den Oscillationen diese selbst vernichtet, und so das Ewige in sich begründete Daseyn derselben offenbart, *Erregbarkeit.*

Die Erregbarkeit ist dasjenige der Organisation, was an keinem Wechsel Theil nimmt, das Relationlose in allen Relationen.

Eine jede Sphäre des Totalorganismus hat ihre bestimmte Erregbarkeit, ein jedes Organ der Sphäre ebenfalls; nur ist hierbei an nichts Graduelles zu denken. Das Graduelle ist nur für den Schein. Wenn man daher von überwiegender Reproduktion oder Vegetation der niedern Thiere oder einzelner Systeme bestimmter Sphären, von überwiegender Sensibilität oder Animalisation der höhern Thiere oder einzelner Systeme spricht, so gilt dieser Gegensatz weder für den Totalorganismus, noch für die bestimmte Sphäre; er ist vielmehr in beiden schlechhin vernichtet.

Die erscheinende Organisation tritt als ein einzelnes, von ihrer Sphäre relativ-Getrenntes in eine bestimmte Relation gegen diese, und setzt die ganze, in sich organische und ewige Sphäre als ein in einer unendlichen Menge Relativitäten Auseinander-gehaltenes, und zwar so, dass eben die Unendlichkeit der Relationen, die *mit* einer jeden und defshalb auch *in* einer jeden gefetzt ift, das Relationlofe nicht durch Vermittelung oder Approximation, fondern unmittelbar entfaltet. Die durch die Einzelnheit getrübte Sphäre entdeckt ferner in diefem relativ-Abgefonderten ihre eigene fcheinbare Relativität, und indem das Befondere als ein Abweichendes in der Sphäre erfcheint, erfcheint auch die ganze Sphäre in ihm getrübt, und nur als ein dem Totalorganismus relativ-Entgegengefetztes; aber felbft der Totalorganismus, indem er nur in dem Zufammenfeyn der Einzelnheiten gefchauet wird, tritt als ein dem Anorgifchen relativ-Entgegengefetztes hervor. Ferner, wie durch diefe fcheinbare Abfonderung des Einzelnen vom Ganzen, in immer gröfsern Sphären das Ganze als ein relativ-Abgefondertes hervortritt, fo wirft fich auch das Trübende des erfcheinenden Gegenfatzes bis ins Unendliche nach innen, und das im Wefen der Organifation ewig harmonifche Zufammenfeyn aller Organe, als für fich Seyender und in fich Begründeter, erfcheint als eine innere Spannung, die Organe felbft als fich relativ entgegengefetzt; und gilt diefes nicht allein für alle Organe unter fich, fondern auch für ein jedes Syftem der Organe wieder: nur dann, wenn der Schein der Beziehungen einmal in die Organifation geworfen ift, wird nicht allein das Ganze der einzelnen Organifation auf das Ganze des Totalorganismus bezogen, fondern auch ein jedes Organ und eine jede unendlich kleine Ofcillation des einzelnen

Lebens tritt auch in eine bestimmte Beziehung gegen ein jedes Organ, und eine jede unendlich kleine Oscillation in einer jeden andern Organisation aller Sphären. Durch diese innige Verknüpfung und gesetzmäſsige Anordnung, durch welche nicht allein die ganze Organisation, sondern auch eine jede Form derselben bis ins unendlich Kleinste, als bloſs seyend, im Ganzen geschauet wird, erscheint das Qualitative absolut-Getrennte als ein Quantitatives, in dem Ganzen nothwendig-Seyendes, das getrübte Ganze restituirt sich auf diese Weise selbst, und was das individuelle Daseyn des Einzelnen durchaus zu vernichten drohte, sichert es eben, indem der Schein sich selbst vernichtet.

Der Gegensatz, der im Totalorganismus erscheint und wieder in jeder Organisation bis ins unendlich-Kleinste, ist selbst ein organischer, alles in sich fassender, und der Schein des Gegensatzes vernichtet sich nicht allein im Ganzen, sondern aus im Einzelnen bis ins unendlich-Kleinste.

Indem sich die Vegetation als hervortretender Kohlenstoff und zurückgedrängter Stickstoff, hervortretende Hydrogenisation und zurückgedrängte Oxydation, die Animalisation aber, als hervortretender Stickstoff und zurückgedrängter Kohlenstoff, hervortretende Oxydation und zurückgedrängte Hydrogenisation zeigt, verlieren die Stoffe die Bedeutung, die sie in der relativen Trennung und äuſsern Spannung gehabt haben, ganz. Eine jede Spannung iſt eine Spannung der relativen Identität des Starren und Beweglichen, und an irgend etwas Chemiſches, oder was mit dieſem ſich auf irgend eine Weiſe vergleichen lieſse, iſt durchaus nicht zu denken.

Die Senſibilität iſt das Vorbild der Reflexion; die Erregbarkeit das Vorbild des Bewuſstſeyns.

Wie ſich Bewuſstſeyn zum Gefühl verhält — in welchem ſich die Reflexion relativ verliert — verhält ſich die Animaliſation zur Vegetation.

Die ſichtbare leibliche Organiſation enthält alle Potenzen der unſichtbaren, iſt durchaus vegetativ und durchaus animaliſch zugleich.

Auch die Pflanzen ſind thieriſch, nur nicht in der Trennung des Erſcheinens. Die Potenz der Animaliſation iſt für die Pflanzen in der animaliſchen Spannung des Tages.

Das differenzirte Licht, der bewegliche Gegenſatz, iſt die Auſsenwelt der Pflanzen; die differenzirte Schwere (die Maſſe) die Auſsenwelt der Thiere.

Das Knochen- und Hautſyſtem ſind die organiſchen Repräſentanten des ſtarren Gegenſatzes: jenes unter der Potenz der Linie, dieſes unter der Potenz der Fläche; daher lebendiger.

Das Muskel- und cellulöſe Syſtem bilden in der Maſſe den beweglichen Gegenſatz; jenes als Differenz, dieſes als Indifferenz.

Das einſaugende und aushauchende Syſtem auf der einen, und das arterielle und venöſe Syſtem auf der andern Seite, zeigen die lebendige (animaliſche) Indifferenz; jenes von der Ruhe des vegetativen Seyns bezwungen, dieſes, indem das Seyn ſelbſt in ein höheres Werden — die unmittelbare Offenbarung eines höhern Seyns — aufgenommen wird.

Das Nervenſyſtem ſtellt das Thieriſche im Thiere, die relativ gröſste Ueberwindung der Maſſe dar, die gröſste äuſsere Indifferenz der Form und Bewegung, und die gröſste innere Differenz, alſo die unmittelbare Eröffnung einer unſichtbaren Welt.

Alle Syſteme kommen in allen Organen vor, bis ins Unendliche; nur das Nerven- und Knochenſyſtem, als die relativ-entgegengeſetzteſten, und das Muskelſyſtem, als das äuſserlich-beweglichſte, ſondern ſich relativ ab in den höhern Organiſationen. Die innere Spannung der Organiſation iſt zwiſchen individueller und univerſeller Funktion überhaupt.

Die univerſellen Funktionen haben ihren individuellen Kontrapunkt in der Totalität der Erde;

daher hier die hervortretenden Oscillationen. Die universellen Funktionen bewegen sich mit den Oscillationen der Totalität; in den Organen herrscht relative Ruhe.

Die individuellen Funktionen haben ihren universellen Kontrapunkt in der Totalität der Erde; daher in ihnen selbst die hervortretenden Oscillationen. Die individuellen Funktionen bewegen sich unabhängig von den Oscillationen der Totalität.

Was die Funktion individualisirt, individualisirt auch das Organ.

Alles Universelle des Organismus wirft sich nach aufsen, um sein inneres Seyn in der Totalität zu finden. Daher das Aeufserlichwerden aller Organe der Vegetation, das Suchen nach Licht.

Alles Individuelle des Organismus wirft sich nach innen, um sein inneres Leben in sich selbst zu finden. Daher die innere Differenz, das abgesonderte Seyn, und die äufsere Indifferenz der Animalisation.

In den universellen Organen verlieren sich alle Funktionen in einander. Die individuellen Organe trennen die Funktionen von einander.

Das Knochensystem ist das relativ-Individualisirte, das Hautsystem das Universelle — jenes nach innen gedrängt, dieses äufserlich. Daher find bei den Pflanzen beide vereinigt. Das Gehäufe der Würmer läfst fich nur uneigentlich Knochenfyftem nennen, denn es ift ohne Gegenfatz von Hautfyftem. Es ift ein Hautfyftem, was der Knochenbildung unterliegt. Die Bedeckung der Infekten läfst fich ebenfalls nur uneigentlich ein Knochenfyftem nennen. Es ift eine Knochenbildung, die dem Hautfyftem unterliegt; daher jenes der Würmer anorgifcher und ftarrer, dieses der Infekten organifcher und beweglicher.

Das Muskelfyftem ift am meiften ausgebildet, da, wo das Knochenfyftem ein inneres, individuelles geworden ift, im Gegenfatz gegen das Hautfyftem als ein äufseres. Es ift die lebendige Oscillation zwifchen der Längendimenfion der Knochen und der Breitedimenfion der Haut. Daher die ftarren Fafern bei den Pflanzen, weil Haut- und Knochenfyftem bei ihnen als Eins find; daher die gallertartigen Fafern bei den Würmern, weil bei ihnen das Hautfyftem fich in die ftarre Knochenbildung verliert; daher immer beweglichere Fafern bei den Infekten, weil bei ihnen fich die ftarre Knochenbildung in eine bewegliche, aber äufsere Hautbildung verliert; daher endlich bei den höhern Thieren das am meiften ausgebildete Muskelfyftem.

Das einfaugende und aushauchende Syftem ift die lebendige Differenz des cellulöfen Syftems, in welches ſich alle innere Oscillationen in einem äuſserlich indifferenten Produkte verlieren. Dieſe Syſteme ſtellen die Indifferenz der Reſpiration und Ernährung des Produkts und der Oscillationen dar. Je mehr ſich Haut-, Knochen und Muskelſyſtem trennen, deſto deutlicher tritt dieſe Indifferenz im Gegenſatz gegen die Differenzen hervor. In den höhern Thieren regt ſich auch der Gegenſatz in den Funktionen des einſaugenden und aushauchenden Syſtems. Die lymphatiſchen Drüſen und ihr Mittelpunkt, der Bruſtgang, ſtellen das Maximum der Individualität dieſes dunkeln Gegenſatzes dar.

Die ganze Organiſation der Pflanzen beſteht aus Haut, ſtarren Faſern, dem Zellgewebe und einſaugenden und aushauchenden Gefäſsen. Das hervortretende Zellgewebe mit den einſaugenden Gefäſsen bilden ſich in der Wurzel aus, der ſtarre Gegenſatz nimmt in dem Stamme überhand, das Hautſyſtem mit den aushauchenden Gefäſsen tritt in den Blättern hervor, ſo daſs relativ die Wurzel die äuſserlich gewordene Ernährung und den innern Gegenſatz, der ſich in Indifferenz verliert, darſtellt (daher die homogene Struktur der Wurzel), der Stamm das Hervortreten des innern Gegenſatzes als einen äuſsern zeigt (daher die Starrheit), die Blätter die relativ ſich äuſsernde Beweglichkeit des Gegenſatzes (daher die dichotome Anaſtomoſe in ihrer Struktur). Die Blätter ſind die Flügel der Pflanzen. In den Blumen zeigt der Kelch die Aufnahme des Stamms in die Blätter (daher das hervortretende Starre), die Blumenblätter die Aufnahme der Wurzel in die Blätter (daher die Sekretionen, die Nektarien, die mit ihnen verbunden ſind), die Generationsorgane endlich die Aufnahme von Allem in Alles und die höchſte Individualiſirung, und zwar in den männlichen Blüthen relativ mehr auf der Seite des Stamms und des ſtarren Gegenſatzes, auf der weiblichen mehr auf der Seite der Blätter und des beweglichen Gegenſatzes; denn in den Pflanzen iſt das Weibliche das am meiſten Individualiſirte.

Der Gegenſatz von Reſpiration und Nahrung iſt bei den Pflanzen im höchſten Grade undeutlich, und das Pflanzenleben in ſeiner relativen Differenz als die höchſte Indifferenz aller Funktionen anzuſehen. Daher iſt hier auch die Senſation eine durchaus univerſelle. Die Blätter ſind zugleich Organe der Ernährung, die Wurzel Organe der Reſpiration, und die Funktionen, wie die Organe, nirgends individualiſirt.

Die ſtarke Reproduktion (die Generationsfähigkeit eines jeden Organs der Pflanzen) iſt mit dem univerſellen Typus ihres Daſeyns Eins.

Bei den Pflanzen iſt die animaliſche Potenz die univerſelle. Bei den Thieren iſt die animaliſche Potenz, inſofern ſie in der Erſcheinung eine ſtufenweiſe Fortbildung offenbaren, immer nur relativ, und zum Theil eine innere, wodurch ſich die Intensität ihres erscheinenden animalischen Lebens darstellt, zum Theil eine äussere, universelle, wodurch ihr Seyn im Totalorganismus begründet wird. Daher sehen wir in den Pflanzen nicht die Potenzen des animalischen Lebens, wohl aber in den Thieren die Potenzen des vegetativen, und eine jede individualisirte Funktion hat ihren Kontrapunkt in einer universellen, in welcher die individuelle Absonderung relativ verschwindet.

Die Ernährung ist diejenige animalische Funktion, die der vegetativen am nächsten steht. Es ist die Assimilation, aber unter der Potenz der Masse.

Die Würmer individualisiren die Nahrung; daher alles Animalische an ihnen in der Potenz des Vegetativen.

Das Nervensystem, als die bezwungene Differenz der Masse und hervortretende Differenz der individualisirenden Funktionen, zeigt, wie alles Erscheinende, eine ursprüngliche Spannung: diejenige, in welcher es der äussern Mannichfaltigkeit der Masse relativ unterliegt (die universelle), durch das gangliöse System; diejenige, in welcher die Mannichfaltigkeit animalischer Funktionen herrschend ist (die individuelle), durch das Hirnsystem.

Die Animalisation ist schlechthin massenlos, und eben hierin liegt der Grund, dass die Masse, als folche, in eine relative Spannung gegen das Thier tritt, und zwar intenfiver, je animalifcher es ift.

Bei den Würmern ift das gangliöfe Syftem das durchaus vorwaltende.

Das Knochenfyftem der Würmer fteht mit ihrem individuellen Leben in einer relativ-äufsern Spannung; daher die todte Natur ihrer Gehäufe (hydrogenifirter Stickftoff, der fich, wie in den Gebirgen, fofort neutralifirt). Diefer todten äufsern Differenz gegenüber, ftellt fich das Indifferente ihrer Organifation. In dem Maafse, als ein Lebendiges (hornartig-Vegetatives) die Schaale durchdringt, individualifirt fich ihr Leben, geht die äufsere Spannung in eine innere über.

Die Sepien zeigen das Maximum der Ausbildung des gangliöfen Syftems; daher die dunkle Aeufserung der Sinne bei diefen Thieren.

Die Refpiration ift diejenige animalifche Funktion, die als eine relativ-univerfelle der Animalifation relativ am nächften liegt. Es ift die Animalifation der Luft unter der Potenz des Beweglichen.

Die Infekten individualifiren die Refpiration als eine relativ-univerfelle Funktion.

Wie feftes Land zur Luft, verhalten fich die Infekten zu den Pflanzen: jene, Oxydation des

Stickstoffs, diese, Hydrogenisation des Kohlenstoffs. Die Würmer und niedrigsten Pflanzen bilden die Indifferenz zwischen beiden. Daher das dumpfe Wasserleben der Würmer und Schwämme, und ihre gehemmte Entwickelung.

Der äussere anorgische Absatz der Insekten (ihre hornartige Bedeckung) ist selbst vegetativ; daher hervortretender Kohlenstoff und Kombustibilität, und sie zeigen diejenige Spannung in sich, die in der erwachenden organischen Epoche hervortrat. Die Hydrogenisation ihrer Bedeckung steht mit ihrer lebendigen Spannung in einem geraden Verhältniss.

Wie die erwachten individuellen Produkte in den Gebirgen ihre universellen Kontrapunkte in der Luft haben, haben die organischen, der Masse unterliegenden, universellen Funktionen der Vegetation umgekehrt ihre organischen individuellen Kontrapunkte in der Organisation eigenthümlicher Insekten. Daher die genaue Verbindung zwischen Insekten und Pflanzen.

Durch das Individualisiren des Allgemeinsten (der Luft) im Gegensatze gegen das Universalisiren des Besondern in der Vegetation, muss selbst in der Masse die äussere Spannung verschwinden (durch Homogeneität) und die innere Spannung offenbar werden (durch Symmetrie). Das Rückenmark ist die erste symmetrische Trennung, und die Beziehung aller äufsern Spannungsverhältnisse auf eine schlechthin innere.

Je symmetrischer die Gestalt, desto abhängiger das Leben des Einzelnen von der Totalität der individuellen Bildung dem Scheine nach, d. h., desto gediegener das Seyn des Einzelnen im Ganzen, also desto schwächer die Reproduktion.

Die Insekten individualisiren die Respiration, die Würmer die Ernährung, aber auf eine universelle Weise, in relativer Trennung; daher bei jenen die Luft selbst, als solche, das innerlich Oscillirende, bei diesen das Wasser — bei beiden aber das Uebergewicht aller universellen Funktionen.

Die höhern Thiere assimiliren nicht blofs, wie die Pflanzen, das Starre, oder, wie die Insekten, das Bewegliche, sondern vielmehr das Vegetative selbst. Durch das Blutsystem ist die äufsere Spannung der Luft eine innere geworden, nicht blofs *durch* die Organisation — wo dann die innere Spannung zugleich eine relativ-äufsere ist, wie bei den Insekten — sondern *in* der Organisation, so dafs sie für diese nur ist, indem sie, als eine innere, isolirt organisirte auftritt. Das Herz ist der Centralpunkt des innerlich gewordenen vegetativen Lebens und der Kontrapunkt des Gehirns. Je innerlicher alle universelle Funktionen werden in jenem, desto äusserlicher werden alle individuelle Funktionen in diesem.

Die Arterien zeigen die individuelle Spannung, die Venen die universelle. Daher in jenen das Objektivwerden der innern Spannung selbst.

In den Verdauungsorganen sind die Ganglien und das venöse System, in den sensitiven das Gehirn und das arterielle System vorwaltend.

Muskeln in der Potenz des ganglиösen Systems, sind unwillkührliche; Muskeln, unter der Potenz des Hirnsystems, willkührliche Muskeln.

Bei den Fischen und Amphibien ist das Muskelsystem relativ zurückgedrängt, das cellulöse und lymphatische System hervortretend; das arterielle System weniger, das venöse mehr ausgebildet. Daher die geringere innere Spannung, das kalte Blut, das träge Daseyn.

Bei den Vögeln ist das Muskelsystem hervortretend, das arterielle System herrschend; daher die Beweglichkeit, die Stärke der innern Spannung, das warme Blut.

Die Fische verhalten sich zu den Vögeln, wie die Würmer zu den Insekten.

Bei den Säugthieren herrscht das relativ-gröſs-te Gleichgewicht des gangliöſen und Hirnſyſtems, des arteriellen und venöſen Syſtems, d. h., die gröſste Aſſimilation der Vegetation.

Je höher die Animaliſation, deſto innerlicher alle äuſsere, deſto äuſserlicher (offenbarer) alle innere Spannungen.

Indem das Knochenſyſtem, als das relativ am meiſten überwundene und oxydirte nach innen, das Hautſyſtem, als das relativ am meiſten hydrogeniſirte und abhängige nach auſsen gedrängt iſt, oscilliren alle Funktionen nach innen individualiſirend, ſich von einander ſondernd, oxydirend; nach auſsen univerſaliſirend, ſich in einander verlierend, hydrogeniſirend. So haben die individuellen Organe der Verdauung relativ gegen ſich die univerſellen der einſaugenden und aushauchenden Organe, ſo die individuellen Organe der Reſpiration die univerſellen der allgemeinen Perſpiration. Was aber innerlich in den Organen und Funktionen geſondert iſt, iſt äuſserlich, wie in den Pflanzen, ununterſcheidbar, und allgemeine Perſpiration und allgemeine Ernährung iſt Eins.

Die Animaliſation iſt mit dem Objektivwerden des Innern Eins. Die Offenbarung des Innern iſt Senſation. Keine Animaliſation ohne Senſation.

Sensation unter der Potenz der Universalität ist Gefühl; Sensation unter der Potenz der Individualität, Bewusstseyn.

Was von der erscheinenden Organisation im Ganzen gilt, gilt auch für die Sinne. Die Stufenfolge ihrer Fortbildung ist nur für den Schein, und alle bilden einen Totalorganismus der Sensationen. Wie die Vegetation von der Animalisation, ist das Gefühl von dem Bewusstseyn getrennt — relativ. Wie die Vegetation ohne erscheinende Animalisation, diese aber als Assimilation des Vegetativen hervortritt, so ist das Gefühl und alle Sinne unter der Potenz des Gefühls ohne erscheinendes Bewusstseyn, das Bewusstseyn selbst aber die Assimilation aller Sinne. Daher werfen die Sinne, wie die Vegetation, ausserhalb des Bewusstseyns ihre Differenz nach aussen, offenbaren aber, im Bewusstseyn, in jeder Modifikation ihr gemeinsames Leben — wodurch die Sinne der Thiere sich von den Sinnen der Menschen unterscheiden.

Die Sensation ist die unmittelbare Offenbarung der Beziehung der Organisation auf sich selbst.

Die Sinne sind durchaus symmetrisch.

Die linke Seite ist die relativ-universelle; die rechte, die relativ-individuelle. In einer jeden Sinnesäufserung vernichtet fich aber diefer Gegenfatz, wie im totalen Leben der Thiere alle Gegenfätze.

Die Sinne find anzufehen wie fich individualifirende Thiere in den Thieren.

Je individueller der Sinn wird, defto eigenthümlicher ift der Nerv, der das Organ mit dem Gehirn verbindet, von den übrigen getrennt. Beim Gefühl findet diefe Trennung gar nicht ftatt, beim Gefchmack und Geruch dunkel, beim Gehör und Geficht endlich am deutlichften.

Eine jede Affimilation offenbart ihre Relativität durch eine ihr entgegenftehende Exkretion. Bei der Affimilation unter der Potenz der Univerfalität ift diefer Gegenfatz am undeutlichften; daher die geringern Exkretionen der niedern, die deutlichern der höhern Thiere; daher die undeutlichern Exkretionen der allgemeinen Ernährung, die deutlichern der befondern (der Verdauung). Auch die Sinne, als eigenthümliche Organe, haben fpecifique Exkretionen, die ihnen entgegenftehen, und die, je individueller der Sinn, defto mehr fich von der Organifation abfondern. Beim Gefühle ift diefe Exkretion undeutlich zu erkennen, beim Gefchmacke (als Speichel) wird fie von dem Totalorganismus wieder ergriffen, und verhält fich zum eigenthümlichen Dafeyn des Sinns, wie das anorgifche Refiduum der niedern Thiere zur univerfellen Organifation der

Erde; beim Geruch ist die Exkretion deutlicher gesondert, beim Gehör noch intensiver, beim Gesicht am intensivsten, und zwar als die reinste Indifferenz der Universalität.

Das Wesen der Sinne ist nur anzuschauen in der organischen Spannung der Totalität, wo dieselben Dinge, wie in der isolirten Organisation, in einer Rücksicht als innerlich erscheinen, so wie sie in einer andern Rücksicht als äusserlich hervortreten, und zwar so, dass dieser Gegensatz in den Dingen, wie in den Sinnen, als nichtig gesetzt wird. Der Gegenstand ist also mit der Empfindung ursprünglich Eins, und nur für die isolirte Organisation scheinbar von ihr getrennt.

Die Sinne offenbaren die Assimilation der universellen Funktionen als solche.

Alle Sensation ist die Identität eines äussern und innern Faktors als ein Inneres, die zugleich als die Identität des äussern und innern Faktors der Organisation erscheint.

Das Gefühl ist die Identität der äussern Oscillation und des innern Seyns — also Identität des Nerven- und Muskelsystems. Einheit des innern Faktors und Differenz des äussern, giebt das Getaste; Differenz des innern und Einheit des äussern, Gefühl der Wärme.

Geschmack ist die Identität der Ernährung und des innern Seyns, also Identität des Nerven- und glandulösen Systems.

Die Ernährung ist, im Gegensatz gegen die Respiration, relativ-hydrogenisirend, der äussere Gegensatz des Geschmacks also oxydirend; und da hier das Individualisirende äusserlich ist, so ist dieser Sinn indifferenzirend. Daher die Wasserproduktion, die stärker wird, je stärker die Oxydation ist; daher das Zusammenfallen dieses Sinns mit dem chemischen Process.

Der Geruch ist die Identität des universellen vegetativen Systems und des innern Seyns, also Identität des Nerven- und Hautsystems.

Da der Gegensatz der Faktoren des Geruchs intensiver ist, so ist die Sphäre seiner Individualität mehr erweitert. Daher ist der äussere Gegensatz des Geruchs hydrogenisirend, und Hydrogenisirtes wird vorzüglich gerochen, wie Oxydirtes vorzüglich geschmeckt wird. Die innere Oxydation unterhält die Spannung; daher das Zusammenfallen dieses Sinnes mit dem elektrischen Process.

Die lebendige Spannung der Oxydation und Hydrogenisation, als eine innere, ist die der Respiration. Der Geruch verhält sich zur Respiration wie der Geschmack zur Ernährung, nur äusserlich getrennter.

Der Hunger ist innere Spannung der Assimilation unter der Potenz der Masse, im Gegensatze gegen eine äussere. Daher das Gefühl des Hungers im obern Magenmunde.

Der Durst ist innere Spannung der Assimilation der Indifferenz im Gegensatze gegen eine äussere. Daher das Gefühl des Durstes in der Gegend des Schlundkopfs, und das Zusammenfallen desselben mit den Organen des Geschmacks.

Die Beklemmung ist innere Spannung der Assimilation der Differenz der Oxydation und Hydrogenisation im Gegensatze gegen eine äussere. Daher das Zusammenfallen desselben mit dem Geruche.

Getaste, Wärme, Gefühl, Geruch und Geschmack sind Assimilation der Funktionen der Totalität unter der Potenz der Masse; daher ihre Abhängigkeit von äussern Potenzen.

Das Gehör ist die Identität des relativ-Anorgischen der Organisation und ihres innern Seyns, also Identität des Nerven- und Knochensystems.

Da der Gegensatz der Faktoren des Gehörs intensiver ist, so ist auch die Sphäre der Individualität dieses Sinns eine mehr erweiterte. Durch das Gehör wird das Seyn der Masse als ein Werden, d. h., die Oscillationen als solche objektiv. Es ist die Offenbarung der äussern Unendlichkeit.

Das Gesicht ist die Identität des innersten vegetativen Lebens und des innern Seyns der Animalisation, also die Identität des Nerven- und arteriellen Systems.

Da beide Faktoren des Gesichts innerlich unendlich sind, so ist hier das Maximum sinnlicher Individualität erreicht. Durch das Gesicht wird das Werden der Masse selbst als ein Seyn, d. h. das Licht, objektiv. Es ist die Offenbarung der innern Unendlichkeit.

Dem Gehör entspricht die relative Hineinbildung des Raums in die Zeit, dem Gesicht die Hineinbildung der Zeit in den Raum. Durch das Wesen des Hörens und Sehens ist aber der Gegensatz zwischen beiden aufgehoben.

Das Bewufstseyn wohnt den Thieren bei, wie die Animalisation der Vegetation beiwohnt.

Alle Funktionen der Vegetation sind im Weibe relativ-hervortretend.

Je gröfser die Assimilation des Vegetativen, desto individualisirter dieses, auch in seiner Potenz. Das Maximum der Assimilation des Vegetativen ist das Weib.

Der Busen beim Weibe ist das Geheimnifs der Hineinbildung des innern Seyns in der Vegetation, d. h., in der Generation.

Reflexion ist beim Manne, was die Animalisation bei den Thieren, der Keim neuer innerer Sonderungen und das Erwachen einer neuen unendlichen Stufenfolge innerer, sich immer mehr und mehr individualisirender Bildungen.

Die Generation ist beim Manne relativ getrennt. Die Testikeln (beim Manne, was der Busen bei der Frau) zeigen durch ihr niedriges Daseyn die Unabhängigkeit des innern Seyns des Mannes von der Generation.

Die Frauen zeigen ein relativ-hervortretendes Seyn in der universellen Spannung der Totalität. Die monatliche Reinigung ist eine periodische Oscillation des Gebährens unter der Potenz der Universalität.

Der Generationsakt individualisirt das universelle Gebähren der Frauen.

Eine jede erscheinende Organisation ist eine relative Abweichung von der Normalorganisation, die nur durch die Totalität dargestellt wird.

Die Abweichungen der erscheinenden Organisationen bilden sich unter der Form der Quadruplicität, und zeigen nothwendig unendlich viele Zwischenstufen der Intensität.

Die Potenzen der Abweichung (analog den Elementen der Erde) werden angeſchauet in der Duplicität der Faktoren des innerſten vegetativen und animaliſchen Lebens.

Das Bewuſstſeyn individualiſirt eine jede erſcheinende Menſchenorganiſation, wie die Erregbarkeit eine jede Sphäre (Gattung) der Organiſationen überhaupt.

Das Weſen des individuellen Bewuſstſeyns iſt von dem Wechſel des Scheins, von den relativen Oscillationen der Erſcheinung im irdiſchen Leben unabhängig.

Ein jeder ſich wahrhaft bewuſster Menſch bildet eine eigene in ſich geſchloſſene Sphäre, die ſich ſelbſt vorausſetzt, in nichts Aeuſserm gegründet iſt.

Der Menſch iſt ewig.

Die Anſchauung der individualiſirten Abweichung menſchlicher Geſtalt iſt mit den Temperamenten geſetzt.

In den Temperamenten ſind die Elemente der Erde, nicht bloſs im Ganzen, ſondern für ſich, ewig geworden.

Das ſüdliche Temperament iſt das ſanguiniſche mit hervortretendem Hirnſyſtem im Ganzen, alſo Stickſtoff. Das ſanguiniſche Temperament iſt das relativ am meiſten thieriſch-aſſimilirende, genieſsende; der Stickſtoff, nach innen gedrängt, individualiſirend, daher der Kohlenſtoff nach auſsen vegetirend (bräunliche Farbe mit ſchwarzen Haaren).

Das nördliche Temperament iſt das melancholiſche mit hervortretendem gangliöſen Syſtem im Ganzen, alſo Kohlenſtoff. Das melancholiſche Temperament iſt das relativ am meiſten vegetativ-aſſimilirende, ſehnſüchtige; der Kohlenſtoff, nach innen gedrängt, individualiſirend, daher der Stickſtoff nach auſsen vegetirend (blonde Farbe mit weiſsen Haaren).

Das öſtliche Temperament iſt das choleriſche mit hervortretendem arteriellen Syſtem im Ganzen, alſo Sauerſtoff. Das choleriſche Temperament iſt das relativ am meiſten irritabele, oscillirende, differente.

Das weſtliche Temperament iſt das phlegmatiſche mit hervortretendem venöſen Syſtem im Ganzen, alſo Waſſerſtoff. Das phlegmatiſche Temperament iſt das relativ am meiſten ruhende, indifferente.

Das erſcheinende Temperament iſt eine Abweichung von dem Normaltemperament, welches nur in der Totalität der Menschenorganisation zu schauen ist.

Ein jedes Temperament ist gleich ewig und innerlich gesund, und keines hat einen Vorzug vor dem andern.

Wie in den Temperamenten (den temperirten Elementen) das organische Uebergewicht der Individualität über die Universalität dargestellt wird, so giebt es auch ein relatives Uebergewicht der Elemente über die Temperamente, also ein Uebergewicht der totalen Spannung in der Menschengattung selbst. Dieses wird durch die Racen angeschauet.

Die Race der Menschengattung, die dem südlichen Princip unterliegt, ist die Negerrace; die nördliche, die mongolische; die östliche, die malayische; die westliche, die amerikanische.

Wie im nördlichen und südlichen Princip der Erde das gröſste Uebergewicht der Masse, so in der mongolischen und Negerrace keine Spur von Geschichte.

Wie im östlichen und westlichen Princip der Erde das gröſste Uebergewicht des Lichts, so in der malayischen und amerikanischen Race ein Analogon der Geschichte; aber eine durchaus vegetative Geschichte, die Spuren der differenzirenden Reflexion (das Analogon des Animalischen) sind durchaus verschwunden, alle ihre Erfindungen sind vorgeschichtlich, mythologisch. Ihre Einrichtungen sind, wie im Instinkt, imperfektibel und in sich vollendet.

Die kaukasische Race ist die temperirte Race; daher in dieser die inwohnende Reflexion und die Stufenfolge geschichtlicher Fortbildung.

Was sich *durch* eine jede Menschenorganisation, als räumliche, seyende Differenz in Beziehung auf die Normalorganisation offenbart, das wiederholt sich als Oscillation *in* einer jeden Organisation, als zeitliche, werdende Differenz in Beziehung auf diese selbst, als die Totalität ihres Lebens.

Im Kindesalter ist das Gehirnsystem das herrschende, aber als ein relativ-differentes, also der äufsern Spannung unterliegendes, universelles. Bei den Kindern ist das Gefühl das herrschende, und selbst das Licht und die Töne sind relativ, mehr durch eine äufsere als innere Spannung für die Organisation. Daher das innerlich vegetative Leben der Kinder. Die Kinder sind sanguinisch.

Im Jünglingsalter ist das arterielle System das herrschende. Der Jüngling ist cholerisch.

Das Fortwachsen ist eine immer intensiver werdende innere Assimilation des Vegetativen. Der

Kulminationspunkt des Lebens die höchste Geschlechtsreife, in welcher aller äufsere und innere Gegensatz überwunden, und die individuell (endlich) gewordene Unendlichkeit in Produktionen (unter der Potenz des Lichts) als Handlung — (unter der Potenz der Schwere) — als Generation hervorbricht.

Die Spuren der äufsern Spannung bei den Thieren zeigen sich, indem die Paarungszeit (ihre Blüthezeit) an bestimmte Jahreszeiten geknüpft ist.

Im männlichen Alter ist das gangliöse System das herrschende. Der Mann ist melancholisch.

Im Alter des Greises ist das venöse System das vorwaltende. Daher das äufserlich vegetative Leben des Greises. Der Greis ist phlegmatisch.

Das vegetative Leben der Kinder ist das aus der Indifferenz hervorstrebende, sich innerlich differenzirende, das vegetative Leben des Greises das erlöschende, sind indifferenzirende. Daher der Tod die hervortretende äufsere Differenz.

Krankheiten sind nur aus der totalen Spannung der Organisation überhaupt zu verstehen.

Krankheiten entstehen entweder, indem die relativ-äufsere (vegetative) Spannung eine innere (animalische) wird, oder, indem in der animalischen sich die vegetative regt.

Krankheit ist das Bestreben einer einzelnen Funktion, die totale Form der Organisation in ihre Potenz aufzunehmen.

Da alles vegetative Leben seinen organisch-animalischen Kontrapunkt in der Totalität hat, so ist in einer jeden Vegetation, auch in der von der Animalisation, in der Erscheinung, also relativ, assimilirten, ein geheimes Bestreben, sich ihren Kontrapunkt einzubilden, d. h., sich zu individualisiren.

Da alles animalische Leben seinen organisch-vegetativen Kontrapunkt in der Totalität hat, so ist in einer jeden Animalisation auch in der der Vegetation, in der Erscheinung, also relativ, hineingebildeten, ein geheimes Bestreben, sich mit ihrem Kontrapunkte zu identificiren, d. h., sich zu universalisiren.

Bei einer jeden eigenthümlichen Funktion äussert sich das Bestreben, eine eigene isolirte Organisation zu bilden, auf eine eigenthümliche Weise. Eine jede Krankheit ist eine specifische.

Die durch die Krankheit gesetzte Differenz ist immer nur eine scheinbare und weder für die totale organische Spannung, noch für die einzelne Organisation an sich reel.

Der individuelle Menfch wird nie krank.

Die Krankheiten der Pflanzen find blofs individualifirend. Daher find fie und die niedrigften Thiere fo häufig blofse Durchgangspunkte für eine individuellere Bildung (durch die Generatio heteronyma).

Die Infektengeneration ift anzufehen als eine Krankheit der Pflanzen. Auch das vegetative Syftem der Thiere dient als Durchgangspunkt für Infektenbildung.

Die Krankheiten der höhern Thiere find theils individualifirend, theils univerfalirend.

Was die Funktionen individualifirt, individualifirt auch die Krankheit. Daher die gröfste Mannichfaltigkeit der Krankheiten bei den Menfchen.

Gift ift das Erfcheinen des univerfellen Kontrapunkts einer individuellen, oder des individuellen Kontrapunkts einer univerfellen Funktion, oder endlich das Erfcheinen einer äufsern Differenz als Kontrapunkt der innern Indifferenz.

Das Gift ift nur *durch* die Organifation *für* die Organifation, oder nur dadurch Gift, dafs die totale äufsere Spannung auch als eine innere gefetzt wird.

Das Pflanzengift tritt als ein Univerſalirendes gegen das innerſte Animaliſche, gegen das Hirnſyſtem, das thieriſche Gift, als ein Individualiſirendes gegen das innerſte Vegetative, gegen das Blutſyſtem, das metalliſche Gift, als ein äuſserlich Differenzirendes gegen die innere Indifferenz, gegen die Reproduktion.

Ernährung iſt Aſſimilation in der Einheit aller Funktionen. Arznei iſt Ernährung differenzirter Funktionen.

Krankheiten ſind verſchieden — nach der ſcheinbaren Abweichung der organiſchen Sphäre: daher bei einer jeden Thiergattung eigenthümliche Krankheiten; — nach der ſcheinbaren Abweichung der einzelnen Organiſation derſelben Sphäre: daher bei einer jeden Konſtitution der verſchiedene Typus der nämlichen Krankheit, der am deutlichſten ſeyn wird, je individueller, am undeutlichſten, oder wohl unmerklich, je univerſeller ſie iſt; — nach der ſcheinbaren Abweichung der Funktionen der nämlichen Organiſation: daher die Mannichfaltigkeit der Krankheiten in einer jeden; — nach der Oscillation der innern Spannung in einer jeden Organiſation: daher die Krankheiten, die den verſchiedenen Epochen des Lebens eigen ſind; — nach den Oscillationen der innern Spannung in der Totalität: daher der verſchiedene Typus der nämlichen Krankheit zu verſchiedenen Tageszeiten; —

nach der Oscillation zwifchen innerer und äufserer Spannung in der Totalität: daher die Krankheiten der Jahreszeiten; — endlich nach den Oscillationen der äufsern Spannung: daher die kontagiöfen Krankheiten gewiffer Epochen. Diefe relativen Verhältniffe verfchiedener Spannungen und Oscillationen verwickeln fich auf mannichfaltige Weife, rufen hier eigenthümliche Krankheiten hervor, verändern dort den Typus derfelben Krankheit, doch fo, dafs weder die Individualität des höhern Seyns beim Menfchen, noch die Individualität der Gattung im Thierifchen, noch endlich die Individualität der organifchen Spannung der Totalität dadurch je getrübt wird.

Die krankhafte Organifation ift das empfindlichfte Maafs für die Oscillationen der totalen organifchen Spannung, und die pathologifche Beobachtung vermag daher zu enthüllen, was durch alle naturwiffenfchaftliche Beobachtung fonft verborgen bleibt.

Gefundheit ift Durchfichtigkeit des Körpers für die Seele, vollkommene Identität der Seele und des Leibes.

Das Bewufstfeyn ift die Offenbarung des Unendlichen im Unendlichen, die Spannung zwifchen einem innerlich Unendlichen (als Ich) und einem äufserlich Unendlichen (als Univerfum) — als eine innere Spannung gefetzt.

Durch das Bewufstfeyn wird in jedem Moment das Unendliche, alfo die Totalität, gefetzt, der Gegenfatz vom Aeufsern und Innern aufgehoben.

Der Begriff, als Funktion des Bewufstfeyns, ift von dem Dinge nicht verfchieden; es ift die unendliche Potenz (die Individualität), das Selbftfetzen des Dinges.

Das erfcheinende Bewufstfeyn offenbart eine fcheinbare Spannung gegen fremdes Bewufstfeyn, gegen fich felbft, und gegen die Dinge. Aber diefe Spannung ift wiederum nur eine innere, alfo fich felbft vernichtende.

Das Bewufstfeyn ift im Mittelpunkte aller Individualität (in der Ethik), wie die Dinge im Mittelpunkte aller Univerfalität (in der Schwere) find.

Die reine Individualität, die, in fich begründet, immer nur ein eigenes, zeitlofes Leben führt, drückt fich gefchichtlich, als die ewige Klarheit und Unvergänglichkeit der Gefinnung, als Sittlichkeit — in der Natur, als ewige ungetrübte Harmonie aus. Die wahre Sittlichkeit ift nur diejenige, die keinen Gegenfatz erkennt, durch nichts Aeufseres bedingt oder beftimmt, in fich felbft eingefchloffen, ihr Wefen als das Wefen Gottes erkennt, die alfo der Form nach frei, dem Wefen nach nothwendig, in ihrer Form nur das Wefen, alfo die Identität der

Form und des Wesens, der Sittlichkeit und der Harmonie, der Geschichte und der Natur erkennt. Die wahre Natur ist nur diejenige, die ohne Gegensatz, in sich selbst lebend, der Form nach nothwendig, ihre Einheit mit Wesen Gottes als ewig frei, also die Identität der Form und des Wesens, der Sittlichkeit und der Harmonie, der Natur und Geschichte erkennt. Die Frage, wie die Spannung zwischen Freiheit und Nothwendigkeit entstanden sey — wo denn die Freiheit in dem Scheine der Willkühr, die Nothwendigkeit in dem Scheine des Zwangs sich verliert — hat keinen Sinn, indem Willkühr freilich zum Zwange sich verhält, wie Seele zur Masse, Freiheit aber und Nothwendigkeit wie Materie und Geist ewig in einander sind. Dieses Mysterium des Lebens der Individualitäten ist das eigentliche offenbare Mysterium, welches, aus der Wurzel der Identität der Gesinnung und des Erkennens in der Geschichte nichts als den ewigen Frieden und die Gemeinschaft der Heiligen, in der Natur nichts als unvergängliche Harmonie und ewige Klarheit erblickt. Das ursprüngliche Erkennen dieses Mysteriums ist nichts Vermitteltes, durch Beweise Eingeleitetes, äusserlich Begründetes, vielmehr *unmittelbare* Anschauung, die wohl, wo sie ist, ausgesprochen, aber auch nur, wo sie ist, verstanden werden kann.

www.ingramcontent.com/pod-product-compliance
Lightning Source LLC
LaVergne TN
LVHW042240300926
849161LV00003B/410